指尖上的中国

滋味乾坤

浅草 主编
董铁柱 著

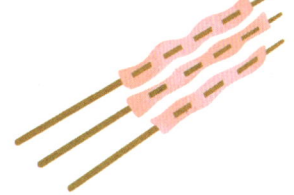

中国少年儿童新闻出版总社
中国少年儿童出版社
北京

图书在版编目（CIP）数据

滋味乾坤 / 董铁柱著 . -- 北京 : 中国少年儿童出版社 , 2025. 1. -- (指尖上的中国 / 浅草主编).
ISBN 978-7-5148-9242-0
Ⅰ . TS971.2-49
中国国家版本馆 CIP 数据核字第 2024SU2219 号

ZIWEI QIANKUN
（指尖上的中国）

出版发行：中国少年儿童新闻出版总社
中国少年儿童出版社

执行出版人：马兴民
责任出版人：缪 惟

丛书策划：缪 惟 邹维娜	封面插图：谢月晴
责任编辑：白雪静	内文插图：谢月晴
责任校对：田荷彩	装帧设计：yoko
责任印务：厉 静	特邀审读：卢 溪
社　　址：北京市朝阳区建国门外大街丙 12 号	邮政编码：100022
编 辑 部：010-57526332	总 编 室：010-57526070
发 行 部：010-57526568	官方网址：www.ccppg.cn

印刷：艺堂印刷（天津）有限公司

开本：720 mm × 1000 mm　1/16	印张：11.75
版次：2025 年 2 月第 1 版	印次：2025 年 2 月第 1 次印刷
字数：110 千字	印数：1—6000 册

ISBN 978-7-5148-9242-0　　　　　　　　　　　　　　定价：48.00 元

图书出版质量投诉电话：010-57526069　电子邮箱：cbzlts@ccppg.com.cn

一片素心好成物

　　孩子对物是共情的。在他们的感觉中，一切事物都是带有灵魂的。我小时候不会对着镜子跟自己说话，但是，会对着一块石头、一棵草或一条河说很多很多的话。看到自己的橡皮变得越来越小了，我就开始跟"他"告别；捡到一片树叶，看见叶脉在阳光下抖动，也会问"他"是不是要死了。《当代》杂志徐晨亮主编的小女儿温婉可爱，在新疆乌鲁木齐与我们分别时，她给每一位老师送了一张自己画的小画。送给我的是一朵小花儿的简笔画，小姑娘告诉我："这朵花儿很快就开了……"

　　成年人对物是有寄托的。"斑竹枝，斑竹枝，泪痕点点寄相思"，竹子的纹路激发了伤感；"记得小蘋初见，两重心字罗衣"，一件衣服惹起了万千的牵挂；"烈士击玉壶，壮心惜暮年"，李白的玉壶里有铿锵之声；"春咏敢轻裁，衔辞入半杯"，义山的诗情可以装入酒杯之中……

让孩子感悟物之趣，了解物之理，用自己的手做一件饱含想象力的器物，让身体感受在那创造性的瞬间迸发出来的欢欣鼓舞，这才是这本书所以鼓吹童心与物心相融通的题中之义。

多年来，浅草喜欢各种各样充满情趣的小物件。一杯清茶，她看见了世间温润的情怀；一壶生普，她闻见了苍云变幻的从容；她坚信扣碗倒出来的不仅仅是汤汁，还是可以与宋人同色的领悟；她觉得一件茶叶末釉的器具，饱含了神秘的情调和韵味。如果不是还肯对这个世界抱持一种人文主义的猜想，如果不是还肯对人维持一点儿善良纯粹的愿望，怎么会有浅草笔下万物雅趣的生动？

三分侠气能为友，一点素心好做人。英国有一句谚语说，人类可以造楼、造火车，只有大自然造出了一棵草。其实，人类还可以用大自然造一棵草的心来造自己。

让孩子学习一点儿匠心造物的知识，感受一点儿器物本心的光晕吧！这不是让他们享受简单的孩童情趣，而是让他们长大后还有能力焕发孩童情趣，还有能力想象自己可以创造属于自己的世界！

周志强
南开大学文学院博士生导师，
长江学者，天津美学学会会长

自序

三十多岁的时候，我接触了传统手工艺文化，得以把自己当小孩重新养成，这令我在四十岁依然保持对万物的好奇心，有一个"好学生"的心态和动力。为了深入这份爱，我写书、读博、到处走访，生活中充满发现美好的欣喜和不断成长、进步的自信。此时的我，比十几二十岁时更具少年气。

希望孩子们也能从传统手工艺文化中获得这份内在滋养和动力，不是说都得"投身"传统，而是养成一种对事物、对世界、对人生的由坚实和诚恳构成的底层逻辑。许多现代科技的灵感都源自这些看似古老、简单的手工技艺，"指尖上的中国"这套书不仅能够帮助我们更好地理解科技是如何从日常生活中发展起来的，也能够让我们对劳动和生命有更多的尊重和敬畏，养成以探索、主动实践的习惯来对抗被投喂与被决定的命运。

现在的孩子一出生便是人工智能接管的生活，大数据算好一切供奉在屏幕上，手指点一点就自动投喂，容易让人忘了自己双手的伟大能力和思维意识曾经创下的奇迹：如何做投枪、渔网来打猎和捕鱼，如何用泥和水做成陶瓷水杯，棉麻植物如何变成衣裳，米面如何变成点心，木材如何变成高高翘起的屋檐……今天人类的知识更渊博了，对生活中万物的来历却更无知了。当专业和技能越发细分，人类方方面面的需求逐渐被科技和各种商业体系架空，我们的未来是否会以人工智能和大数据的逻辑来生成？

如此，推广传统手工艺文化的意义就更为深远了。我在编写这套书的时候，也自觉不要陷入怀旧主义，而是带入自己从学习、内化再到行动的经验，强调用双手造物的进程是如何塑造人、塑造人类文化的。

一门手艺，往往要从认识原材料开始。它产于何地？为何某地出产的原料会优于其他地方？然后是设定目标。要做成什么东西？要有什么形状？要不要有装饰图案？要有什么样的功能？在以往的文化体系中，有哪些可以算作"好"的标准？接下来是动手，采用一定的工艺去实现它。无论是捶打、编织还是雕刻，手上的技术都需要日积月累的训练，才能依据材质的属性，选择相宜的力度、角度去操作，做到手眼协调，大脑身心能和谐有机地配合自如。如果要使用工具，还要知道怎么设计和使用工具，要有借力的智慧，有解决问题的耐心，以及每一步都不能偷工减料和投机取巧的诚实，因为结果没有侥幸。另外就是心无旁骛的专注力和不屈不挠的持续力，追求精益求精，必须要有一定的意志力。如果需要其他人配合，还得有沟通能力和团队协作能力……马克思说，劳动是人的本质的对象化，一个人想成为一个什么样的人，几乎都可以在他的劳作中呈现出来。

手工劳动是一个塑造人格品质的漫长过程，而且最终将沉淀在对世间万物的感知里。

手艺的背后是人类生存的方法与技能，在方法与技能的背后是人对自然的了解，对人类需求的关怀与满足，是人类继承过去、创造现在和未来的万丈雄心。人的自我是在支配力的一次次有效释放及其反馈中建立的。人在利用自然、手工造物的过程中，不仅实现了人类的生存和发展，也逐步积累了经验和知识，确定了秩序、规则和方法，获得了判断力、尊严和自信。

最后，还要谈到爱。爱与深刻的理解有关系，爱的能力也跟见识、眼光有关系……对一件事了解得越深，爱的程度也越深，对自己和他人，对人生和世界的态度，也都根深于此。

浅　草

2024年12月于南开大学北村

目录

001 — 011 — 021 — 031 — 043 — 053 — 063 — 073 — 085

包子和年糕 热气腾腾暖人心

面条与米线 细细长长的美味

炸 又香又酥的秘诀

煲 不可饭无汤

烤 肉在火中跳舞

涮 众口也可调

卤 在翻滚中释放香气

煎 厨房里的慢工细活儿

蒸 锁住营养和美味

豆腐　豆子的万千变化

泡菜和酱菜　蔬菜的千变万化

酱油、豆豉和豆瓣酱　不可或缺的中国调味

酒　粮食的美妙发酵

茶　神奇的东方树叶

陈醋、白醋　古老的酸味来源

糖　从舌尖升起幸福感

奶酪和酸奶子　历史悠久的甜品

滋

乾

蒸

锁住营养和美味

中国的第五大发明：蒸

有人说蒸是中国的第五大发明——中国在商周时就渐渐开始了"无菜不蒸"的历史，无论是鱼还是肉，是米饭还是馒头，都可以蒸着吃。在今天的八大菜系中，有很多以"蒸"闻名的菜式，可在西餐中，却很少把肉类或是鱼类蒸着吃。

相信很多人都看过《西游记》，都知道只要唐僧一被妖怪抓住，妖怪们就打算把唐僧放到蒸笼里面蒸熟了吃，因为大家都传说吃了唐僧肉可以长生不老。可见，即使是妖怪做吃的，都认为蒸食最好，无论是细皮嫩肉的唐僧，肥头大耳的猪八戒，还是看起来皮糙肉厚的孙悟空和沙和尚，只要放进蒸笼里蒸一蒸，都可以变成美味。

早在商朝的时候，中国人就发明了蒸器——甗（yǎn）。甗一般是用陶或青铜制作，它可以分成两个部分，上面是一个大口的盆

战国时期的蟠龙纹甗

滋味乾坤

三联甗

子，叫作甑（zèng），下面是一个有着三条空心腿的鬲（lì），甑和鬲之间有一层薄薄的穿了好多孔的箅（bì）。甑和鬲有的可以分开，有的则连在一起，这就是最早的蒸笼。人们把食材放在甑里，在鬲的三条空心腿中加满水，然后在它的下面点火加热，鬲中的热气通过箅的小孔传到了上面的甑，里面的食物就这样被蒸熟了。

如果你去中国国家博物馆，就会看见在河南安阳殷墟出土的三联甗——顾名思义，三联甗就是三个连在一起的甗。它是商朝的王后妇好生前做饭时使用的蒸器。身为王后的妇好既是能征善战的女将军，也是一位厨艺高超的厨师。三个连着的甗能同时蒸熟三份食物，可以用来慰劳士兵，也可以用来祭祀。

从殷墟出土的众多青铜甗来看，它们不仅可以用来蒸食物，还可以用来蒸别的东西。不过，在古代，甑属于比较贵重的器物，寻常百姓根本用不起，直到蒸笼发明以后，老百姓才普遍用上了蒸器。传说蒸笼是汉高祖刘邦手下的大将韩信发明的。有一次，韩信带领军队去攻打敌军，长途跋涉之后到了一片竹林，大家都累了，就想先做饭。这时候距离敌人的营地已经很近了，要是做饭冒出炊烟的话，就有可能被对方发现，可是饿着肚子也没法打仗啊。于是韩信灵机一动，让士兵们就地取材，用竹子做成蒸笼蒸食物，这样腾腾的热气就好像山间的雾气，掩盖住了炊烟。据说从此之后，竹蒸笼就开始流行了。

中国特产——蒸笼

滋味乾坤

在战前准备食物，关键是要方便省事。这大约是蒸菜能够在中国流行的原因之一。如果说煎炸炒烤两只手都停不下来，那么蒸则是在把食材放进蒸笼之后，两只手就完全解放了，可以做别的菜，就能提高做菜的效率。更重要的是，在中国人看来，荤的如鸡鸭鱼肉，素的如芋艿毛豆，几乎啥都可以蒸。不过，在蒸菜中最常见的，当属清蒸鱼。

中国人对清蒸鱼的喜爱由来已久。据说，清蒸鱼起源于春秋战国时期，当时江里有一种很有营养价值的鱼，大家都去打这种鱼吃，可只吃鱼软骨，不吃鱼肉。有个农夫也提了条鱼回家，洗干净后，用盐和大葱把鱼腌了一下，上锅蒸熟一吃，哎呀，鱼肉味道鲜美，特别好吃。从这以后，人们开始蒸鱼吃。

怎么蒸好一条鱼

清蒸鱼不仅味道好，做法也简单。以鲈鱼为例，通常是先把鲈鱼洗干净后，在鱼背上划上花刀，在鱼肚子里塞一点儿葱和姜丝，再用料酒和盐腌上十分钟左右。然后在锅里烧上水，等水开之后，把鲈鱼放到蒸笼里面，用大火蒸6～8分钟，如果鱼比较大，可适当延长2～3分钟。鱼蒸好取出，倒掉蒸出来的鱼汤，拣出葱

姜丝，再摆好新鲜葱姜丝，淋上蒸鱼豉油。这时候可以用平底锅加热一点儿食用油，等油开始冒烟的时候，再把油浇到鱼身上，一道鲜嫩美味的清蒸鱼就完成了。

尽管清蒸鱼并不复杂，但也不是全无技巧。在《西游记》里，妖怪在蒸猪八戒时就犯了技术上的错误。他以为猪八戒肥大不容易熟，就想把八戒放在蒸笼的最下面一层，连孙悟空都一下看出这个妖怪是个外行。孙悟空对八戒解释说，蒸东西时不好蒸的要放在上面，蒸汽往上走，蒸笼上面热气多，底下热气少，上面比底下熟得快。由此可见，孙悟空对蒸菜还颇有研究呢。

一般来说，清蒸鱼对原料有着严格的要求，第一，鱼必须是新鲜的活鱼，如果说煎炸等烹调方法还可以掩盖一些食材的原有味道，那么蒸则是食材口味的纯正体现。第二，在蒸的时候，大多数用大火，也就是孙悟空说的"多烧把火"。第三，要在热水烧开之后再把鱼放进锅里蒸。第四，蒸的时候尽量不要开锅，避免热气外漏，要一气呵成。第五，蒸好的时候，最好不要着急打开锅盖，要焖一会儿，用热气来保持鱼的鲜味。

当我们看到鱼的时候，我们想到的是……

除了鲈鱼之外，不同地方的人也会蒸各种鱼，在蒸的时候也会加上不同的作料。根据清朝时的记载，江浙地区的人在春天喜欢蒸鲥（shí）鱼，会加上火腿、猪油以及香菇、笋干。福建人在冬天则常蒸鲞鱼，俗称曹白鱼。湖北人喜欢吃武昌鱼。其他诸如鳊鱼、刀鱼、白鱼……也有很多人喜欢吃，或加酒糟，或加蜜酒，做法各有特色。虽然口味可能有所不同，但是对清蒸鱼的喜爱却是一样的。在清朝末年，物价飙升，大家为了节约，在请客的时候一般只有四菜一汤，两荤两素，而最常见的荤菜之一就是清蒸鲫鱼。

在江西婺源，人们经常吃的则是清蒸鲤鱼。在中国文化中，鲤鱼象征着勇敢与执着，两千多年来，我们一直用鲤鱼跃龙门来形容普通人通过努力实现自己的梦想。根据古人的传说，鲤鱼每年在春天的时候都会在黄河中逆流而上，跳跃处于陕西和山西交界的龙门，跃过后就能变成龙。

在古时候，交通很不方便，当亲人相隔两地时只能靠写信联系，远在外地的男子会把信件放在鲤鱼形状的木盒子里托人带回家。古诗说"客从远方来，遗我双鲤鱼。呼儿烹鲤鱼，中有尺素书……"讲的就是这样的场面。蒸鲤鱼象征着打开亲人寄来的信匣，餐桌上这样的一道菜，自然也就蕴含着对远方亲人的思念。

从今天的角度来说，很多人喜欢清蒸鱼更多的是因为它原汁原味，保留了食物天然的新鲜味道；而且油脂少，相对比较健康。除清蒸鱼外，全国各地还有很多著名的蒸菜菜品，比如粉蒸肉、豉汁蒸排骨等，都是大家非常喜欢的蒸菜，肉包子、烧卖等这些喜闻乐见的小吃也都是蒸出来的。而有的人最难忘的可能是小时候妈妈亲手蒸的小笼包或是鸡蛋羹。当热气腾腾的鸡蛋羹端上饭桌的时候，有多少小朋友会迫不及待地扑上去呢？要知道，看似简单的蒸鸡蛋羹，可是西方的小朋友在家里吃不到的哦。

蒸锅简介

汉朝人发明的竹木蒸笼，历经千年，现代人还在用，比起笨重的甗、甑、鬲等青铜器或陶器，竹木轻便，材料易得，制作也不难，所以流传时间长。不仅全国各地家家户户必备，全世界的中餐厅也都有它们的身影。直到工业时代，铝、不锈钢、合金等新材料的出现，金属蒸锅才大规模取代了竹木蒸笼。

大部分家庭使用的电饭煲，一般会配备一个蒸屉，有些微波炉也具备蒸的功能，对于不怎么做面食的人可能已经够用。在现代化智能时代，方便操作的"蒸箱"逐渐变成标配，可随心掌握时间和火候。但还是有很多人怀念竹木蒸笼，认为它蒸汽均匀，蒸水不倒流，蒸出来的食物更原汁原味，色香味俱全。

无论用哪种蒸笼，利用水蒸气加热的原理没有变，所以打开的时候，一定要预防水蒸气烫伤。

中国共有三个地方被授予"中国蒸菜之乡"的美誉，即湖北天门、湖南浏阳和江苏常熟。2018年，由湖北天门中国烹饪大师张在祥领衔制作的"神州第一笼"，直径达2.8米，高1.6米，可以同时蒸制1098道菜，创"蒸制蒸菜数量之最"的大世界基尼斯纪录。2019年，湖北仙桃制作了一个更大的蒸笼，高5.8米，直径9.9米，称"九五至蒸"。

煎

厨房里的慢工细活儿

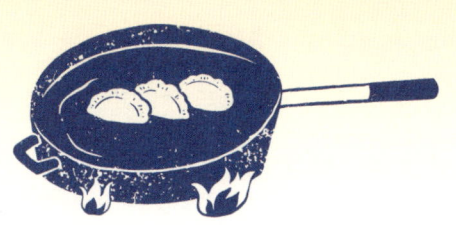

据说，煎大饼是古人肚子饿时的首选，有中国的传说故事为证。相传古代有一个非常懒惰的人，什么事都不愿做，成天就喜欢躺在床上。有一次，他的妻子出远门，知道他肯定不会做饭，就给他煎了一张大饼，然后在饼上穿了一根绳子，把绳子挂在了他的脖子上。看着躺在床上的丈夫胸前挂着饼，妻子放心地出了门。等到妻子回来的时候，发现丈夫已经饿死了。原来丈夫只吃了最靠近嘴巴的那点儿饼，连把饼转一下都懒得转。

这个故事告诉小朋友们不能懒惰，同时也表明了大饼在大家心目中的地位。除了懒人吃饼，还有画饼充饥这样的成语。这足以证明对中国人来说，饿的时候本能地会想到吃饼。据说西汉的汉宣帝在早年还是一位不受重视的刘氏宗室成员时候，每次去哪家店铺买饼吃，那家店铺的生意就会好得不行，连他自己都感到奇怪。这样的故事很可能是后人杜撰，当然是为了证明他是真命天子会给人带来好运，这也说明饼在当时很常见，人们都很喜欢吃。晋朝的束皙写了《饼赋》，梁朝的吴均写了《饼说》，都流传到了后世，这都说明了饼的受欢迎程度。而用油煎的大饼，则因为"煎"的关系，也会更加地色香味俱全。

滋味乾坤

慢工细活儿的"煎"

在中国,"煎"是最常见的烹饪技术之一。以饼为例,我们通常会在碗里打一到两个鸡蛋,用筷子打成蛋液后,加入适量的面粉和清水。如果想吃甜的饼,可以加儿点糖;想吃咸的,可以加点儿盐。接着把面粉、蛋液和水搅成面糊,根据口味放进去葱、虾米或是葡萄干等各种辅料,搅拌均匀;把少量油倒到煎锅里,油热之后,把面糊倒进锅里,用小火慢慢地煎,等到饼的两面都变得金黄,就意味着熟透了。

煎饼

可不要小看煎大饼,煎好一张大饼的过程完全涵盖了"煎"的三个主要特点。第一是原料:"煎"的食物通常只有单一的主料,在煎大饼的时候是面粉,而煎鱼的时候则是鱼,尽管可以加不少配料,可总的来说"煎"的食物相对比较纯粹。第二是形状:一般来说,"煎"的食物都像大饼一样是扁平的,面积比较大,而且不太厚。早餐常见的煎鸡蛋基本也是这样的形状。第三是火

煎饼

候:"煎"需要的是中火或是小火,花点儿耐心慢慢地看着锅里的食材一点儿一点儿地变得金黄,而如果用的是大火的话,食物很容易被煎煳,多半里面还不熟。只要遵守这三个原则,就能够"煎"出美味的食物。而如果不小心违反了其中一条,就可能煎不好。

宋朝沈括的《梦溪笔谈》里面有个故事,当时的北方人喜欢用芝麻油煎吃的,不管是什么都用油煎。有一次,一群大学士聚会,找人买了一筐蛤蜊,让厨师去烹制,可是过了很久,蛤蜊都没有端上来。大家觉得很奇怪,就派人去看是怎么回事。结果厨师回答说,在油里煎了很久,蛤蜊都已经黑了,中间却还没有

熟透……在座的客人都哈哈大笑起来。这样的笑话，就是不知道"煎"对食材的要求才造成的。只需要水里一焯就可以吃的蛤蜊，硬生生被煎成了一堆难以下咽的东西……

油 是怎么榨出来的

宋朝时，北方人对"煎"的偏好，多少是因为用油"煎"食物还是唐宋以来才流行的新鲜事。尽管中国人用"油"有着悠久的历史，不过最早大多吃的是动物的油脂，把油脂涂抹在食物上吃起来会更好吃。大规模地用植物油来烹调是唐宋以来才流行的。

宋朝有一本叫作《鸡肋编》的书，详细地讲述了各地用的是什么植物油：河东是大麻油、陕西是杏仁油、山东是苍耳子油……植物油种类繁多，各地因地制宜。明朝的《天工开物》把植物油分了五个等级，认为最好的是胡麻油、萝卜籽油、豆油和菜籽油。

这么详细的分类说明当时对植物油的使用已经非常讲究了。

不同地区的油有着不同的制造工艺。北京用的是"磨法",有些地方用的是"舂法",而最为常见的则是"榨法"。《天工开物》告诉我们榨菜籽油的工序是这样的:先把菜籽放在平底锅里,用小火不停地翻炒直到闻到香气,然后把它们碾碎了放在笼里蒸。等到蒸气腾腾的时候取出来,用稻秸或是麦秸把它们裹成一张圆饼的模样,圆饼的大小要刚好和榨油器具的口子一样。圆饼的周围则用竹篾或是铁条紧紧箍住,这样可以防止蒸炒而产生的热气散发。据说榨油的高手都是裹得快箍得也快。把这样的一张圆饼放到榨油器具里压榨,油就会从稻秸或麦秸的空隙中流出来。稻秸或麦秸的里面剩下的残渣叫作枯饼,可以反复地再蒸再裹再箍,直到榨干最后一滴油。

滋味乾坤

煎 的美食：小吃和鱼

由于植物油的普及，唐宋时期出现了很多油煎的美食。在唐朝就成为经典小吃的是煎春饼——它和现在的春卷差不多。人们先把面揉成面团，再将面团捶打成很薄很薄的一张面皮，然后把炒好的肉丝放在上面卷起来，最后把卷好的春饼放在油里煎成金黄色，就可以吃了。这种春饼原本是在立春的时候吃的，所以叫春饼，形状虽然不是圆的，却也算扁平。

清朝时还记载了一种小吃叫作"蓑衣饼"，做起来也需要一点儿耐心：先将冷水倒到面粉里，把面揉成团后稍微揉一会儿，就用擀面杖擀得薄薄的，然后把它卷起来再擀薄，接着把猪油和白糖均匀地铺在上面，最后再把整张饼卷起来又擀薄，这样就可

以放到油里煎了。如果想吃咸的口味，可以把猪油和白糖换成葱、花椒面、盐，吃起来味道也很好。这"蓑衣饼"做起来比煎大饼的工序更多，因美味可口而深受人们喜爱。

在菜肴里经常用"煎"来烹调的当数鱼了。清朝人说煎鱼的大致程序是先把鱼洗干净后，用盐稍微腌一会儿，接着往锅中倒油，再把鱼放到锅里，在鱼两面煎得金黄之后，加上盐、酒、酱油、醋等作料，而配菜通常加的是木耳、香菜、粉皮或是笋片。其中最关键的是鱼皮不能煎破，鱼肉不能煎得太老，而鱼煎熟了之后，也不要加太多汤，免得破坏了鱼本身的味道。如果是煎鱼配着煎大饼吃，那更是令人食指大动的美味。

为什么煎可以用水

在唐宋以前，人们可不是用油来"煎"食物的。大家都熟悉曹植七步成诗的故事。相传他的哥哥曹丕做了皇帝之后，担心曹植会心生不满。有一次，曹丕就找借口要求曹植七步之内作一首诗，否则就杀了他。于是曹植写下了著名的七步诗："煮豆燃豆萁，豆在釜中泣。本是同根生，相煎何太急？"

很显然，在这首诗里，曹植清楚地告诉我们，"煎"其实就滋味乾坤

是"煮"。当豆在锅中煮而下面燃着豆萁的时候,豆和豆萁是在"相煎"。没错,三国时人们说到煎,指的是把食物放到水里用中小火慢慢煮。和后来的油煎一样,水煎讲究的也是火小,由此可见,从古至今,煎讲究的都是慢工出细活儿。在汉朝的人们看来,这样慢慢地"煎",可以把各种食物的味道调和在一起。

古人用来放在水中煎的食物中,最有名的可能算是煎茶了。相传唐朝的茶圣陆羽发明了煎茶之法,简单来说就是在水里煮茶。用来煎茶的水一定要是上好的泉水,有古诗在描写泉水时说"煎茶固其宜,酿酒亦甘洁",用这样煎茶酿酒两相宜的泉水,才可以让人喝到一杯好茶吧。如果来一杯清爽的煎茶,再加一块香气扑鼻的煎大饼,这样一顿提神又耐饥的早餐,不知道你是不是愿意尝试一下呢?

【 煎 牛 乳 皮 】

古时候有一道流行的小吃叫作煎牛乳皮，过程分两部分：首先是用牛奶做牛乳皮，接着用水煎。做牛乳皮的办法是这样的：把牛奶倒入锅里，加上滚水，用扇子不停地扇，直到它迎着风结起一层皮，把这层皮取下来之后再扇，再取一层皮，直到不能结成皮为止。牛乳皮做好之后，把剩下的奶液倒掉，烧上滚水，用小火慢慢煎，加上一大杯茶汁，然后加入磨碎的芝麻和胡桃仁，搅拌均匀之后，就可以吃了。如果想要吃咸味的，也可以加入适当的盐。怎么样，这一道"煎牛乳皮"，是不是在今天可以变成一种网红小吃呢？

卤

在翻滚中释放香气

武松打虎靠的是什么？有人说靠的是他高强的武艺，有人说是靠之前喝的十八碗酒给他壮了胆，其实同样重要的是吃了两斤熟牛肉。《水浒传》中写道，武松到了酒店之后，就让店家拿酒来。店家给他满满地倒了一碗酒。武松拿起来一饮而尽，叫道："这酒真有气力！"于是让店家拿些可以饱肚子的来吃。店家说只有熟牛肉。武松就让他切两三斤来。正是这两斤熟牛肉，让武松填饱了肚子，有力气降伏了景阳冈上的老虎。这么说绝对没有夸大牛肉的作用。美国作家杰克·伦敦有一篇小说叫作《一块牛排》，里面的主人公就是因为没有吃到一块牛排，在拳击比赛的最后关头因体力不支而输掉了比赛。

滋味乾坤

卤凉菜是一顿家常饭的完美开始

很多人指出,武松吃的熟牛肉就是今天的卤牛肉。说起卤味,早在秦汉时期就已经初现雏形。据说那时候的贵族们爱吃牛猪鸡鸭的肉,会把多骨少肉的部分赏赐给下人。为了能够多吃几天,下人们就想出了卤的方法。简单来说就是把食材放入调制好味道的卤水中,用小火慢慢煮熟。这样一来,食物不容易变质变馊,卤一锅就可以吃几天;二来非常入味,咬一小口就能吃下一大碗饭。这样的菜肴自然很快就会在并不那么富裕的人之间流行开来。由于鸡爪、鸭掌这些多骨头的部位不方便下嘴,吃卤味从一开始就依赖人类最原始的肢体工具——"双手"。当手里拿着卤鸡翅啃完时,千万要再吮一下带着汁水的手指,这时候不会有人觉得不雅,因为吃货们都知道这才是吃卤味的正确打开方式。

作为烹调方法,卤不算复杂。以卤牛肉为例,首先挑选口感较好的牛腱肉，把牛腱洗干净后用水焯一下，煮出血沫后捞出来再冲洗，接着把牛腱和适量的桂皮、八角、砂仁、白芷、白蔻、花椒、大葱、姜、酱油、盐等香料与调味料一起放到炖锅里，用大火烧开后，接着用文火慢慢炖到酥软，然后在卤水中泡上一晚。待牛腱肉吸足了汤水的味道后，就可以切片上桌了。

在南方，一盘卤牛肉当作凉菜下酒，正是一顿家常饭的完美开始。作家汪曾祺在小说《异禀》中描写了一个做卤味的主人公王二。王二在药店外面摆一个熏烧（卤味）的摊档，除了卤豆腐干之外，还有牛肉、猪头肉等其他吃食。他的摊档从下午开始，到了上灯以后，生意到了高潮，一般要忙到九点多钟。当地的百姓在晚饭的时候，经常会到他这里来切点卤味，包好了带走。很

显然，在汪曾祺的笔下，卤味是普通百姓不可缺少的美味。汪曾祺说"这种牛肉是五香加盐煮好，外面染了通红的红曲，一大块一大块地堆在那里。买多少，现切"，而卤牛肉之所以可以现买现切包好带走，是因为它们是凉的。买一包卤凉菜，回家再炒两个热菜，就可以开饭了。

中国人吃饭，总是要先来一点儿凉菜，或是下酒，或是开胃。清朝时，人们办宴席，场面大的有十六碟，八大八小，场面小的也有八碟，四大四小。小碟就是用来装凉菜的——那时候叫作冷肴。根据记载，清末时有人留洋回国，宴请客人时有四碟冷肴，分别是芹菜拌豆腐干丝、牛肉丝、盐水鸡和火腿。芹菜绿色，牛肉丝酱色，盐水鸡淡黄色，火腿是深红色。这四碟冷肴在客人入座时就已经放在饭桌上了。如果说整个宴席是一部交响乐的话，那么凉菜就是重要的前奏。也许有人会问，这四道凉菜里面并没有卤味啊？其实严格来说，盐水鸡正是一种卤味。

红 卤和白卤

没错，卤凉菜并不一定会颜色很深。卤味从颜色来分可以分为红卤和白卤。红卤一般是用香料加上酱油，这样卤出来的凉菜色泽酱红；而白卤则就是在盐水中加入香料，口味和色泽相对比较清淡。一般认为，北魏《齐民要术》中提到的"绿肉法"其实就是卤肉的做法。绿肉法说用猪、鸡、鸭与盐豉汁一起煮，这其实就是白卤。

乾隆皇帝在"都一处"吃夜宵的故事里，就同时吃了红卤和白卤的凉菜。传说乾隆十七年的除夕夜，乾隆皇帝微服出城，半夜时分回京城的时候饿得不行，想找点儿东西吃，可是这时候饭店酒楼早就关了门。他和手下找了半天，才发现一家还开着的小酒铺。由于平时光顾这家店的大多是挑夫，小店最拿手的也就是一些简单的凉菜。乾隆吃了一盘马莲肉（也就是南方的卤肉），又吃了一盘麻酱拌盐水大白菜，喝了一点儿酒，心情大好，对店老板说："大过年的，整个都城里只有您一家营业，要不您这里就叫'都一处'吧！"店老板听了，也没在意。没想到过了几天，一个太监就带着乾隆亲笔写的"都一处"虎头牌匾来了。店老板这才知道，那天晚上的客人原来是皇上。乾隆吃的肉和菜，就是红卤和白卤的结合。

不管是红卤还是白卤，好吃才是最重要的。好吃的卤凉菜之所以能激发食欲，最重要的是有着浓郁的香气，让人一闻到就胃口大开。由于长时间浸在卤汁中的关系，卤凉菜的香气浓郁。难怪有人说卤凉菜的精髓就在于香料。

凉菜是龙，香料是睛

关于香料和人情绪之间的关系，早已成为公论，很多人认为鼻子和舌头有着情感记忆，能够清楚记得食物的香气所带来的快乐。希腊有一部电影叫《香料共和国》，它告诉我们香料甚至可以冲破种族和宗教的森严界限。影片中的主角法尼斯是个住在土耳其伊斯坦布尔的希腊人，小时候最喜欢的就是尝遍当地美食。土耳其小女孩莎米是他的青梅竹马小伙伴。后来，法尼斯一家人被赶回了希腊，法尼斯在逆境中练就了一身好厨艺，最后回到了土耳其，靠着香料和美食化解了国仇家恨。

同样，在中国的卤凉菜中，香料的使用也是至关重要的。在卤汁中加入香料，就好像画龙点睛一样，能让卤凉菜的味道格外诱人。香料中最不可或缺的可能要算"八角"。八角主要产于中国的广西。早在南北朝时期，著名的道士陶弘景就说在煮有气味的肉时，要加一点儿八角，这样不但肉没有了膻味，而且会很香。到了明朝的时候，八角已经被广泛地用到了各式卤味之中。人们不但喜欢它的香味，而且相信它有助消化的功效。随着大航海时代的到来，八角在16世纪由英国人传到了西方。它温暖香甜的气味很快就征服了欧洲人，他们不仅用八角来做菜，还用它做成了饮料和糖果。

一锅老卤汤

除了八角之外，通常大家还会把桂皮、甘草、花椒、丁香、广木香、肉豆蔻、草果、香松、白芷、山柰、生姜、官桂等常见的香料放到卤水中。但是，以卤味出名的饭店一定会有自己的独家配方，而独特的香料经过多年的沉淀，精华就凝聚在了老卤汤里面。

对于一个卤味高手来说，最重要的是自己的那一锅老卤汤。和别的食物大多追求新鲜不同，卤汁是越老越好。曾经有个故事，说一家以卤味闻名的饭店着火了，老板冒着危险冲了进去，并没有救出什么金银首饰来，而是端着一口大锅走了出来，在这口锅里的是有几十年历史的老卤汤。一锅老卤汤是真正的无价之宝。它们通常年代久远，有的甚至号称百年，里面沉淀了各种肉的精华，越老越珍贵，越需要费心保存。因此卤凉菜看似简单，其实却是有着满满的历史感。

在今天，如果要做一锅卤凉菜的话，很多人不会把精力花在香料的选择上，他们会选择买个靠得住的卤包，然后花时间琢磨要把哪些吃的扔进锅里去。常见的有牛腱、百叶、猪肚、猪蹄、猪大肠、鸡翅、鸡胗、鸡爪、鸡蛋、豆腐干……想要换换花样的也可以卤花菜、胡萝卜、土豆、香菇、玉米笋、鸭舌……简单来说，想吃什么，就卤什么！

卤王子面

　　卤味在台湾特别流行，无论是在餐厅还是夜市的小吃摊上，卤味都是最常见的凉菜和零食。台湾的年轻人显然已经不再满足于卤鸡翅或是卤鸡蛋这样"老土"的口味，这些年来，高丽菜、热狗、鸡皮、猪皮、四季豆、西红柿、青椒，甚至是水晶饺这样不太常见的食材，都会被扔进卤汁中，其中最具特色的当数卤王子面。

　　王子面是台湾非常流行的一种方便面，不需要热水冲泡，可以直接干吃。只要把王子面放到卤汁中，几十秒后捞起来，再配上猪耳朵、白萝卜、鸭血或是金针菇，就是一碗香喷喷的全卤味夜宵"大餐"。有的台湾人认为王子面是卤味中的灵魂，因为面条会吸收卤水的精华，而且又非常的弹牙，和其他卤味软软的口感很不同，绝对是卤味中的另类！

涮

众口也可调

如果来了一群来自天南地北口味不同的朋友，要一起吃顿好的，那么涮火锅大概是最简单的解决方法。不管是无辣不欢的，还是见了辣就跑的；不管是喜欢牛肉的，还是只爱羊肉的；不管是肉类的杀手，还是素食主义者，来顿火锅，都能满足。

　　吃了一顿火锅后，这群朋友可能都会发个朋友圈来纪念这一场聚会，贴的虽然是同一张照片，但各自的描述也许不尽相同。四川来的说和朋友吃了顿火锅，广东来的说晚上打了边炉，北京来的则说今儿涮了羊肉。没错，不同地方的人都喜欢吃火锅，可是各地的叫法却不太一样。当然，如果看看古人们对火锅的称呼，那就更加不同了。

海昏侯墓中出土的青铜火锅

滋味乾坤

火锅在中国有着悠久的历史。2015年在江西南昌的海昏侯墓中出土了西汉时的青铜火锅，而根据《魏书》的记载，在曹丕做皇帝的时候，青铜火锅在北方也出现了。但这并不意味着在当时吃火锅就已经成为一种时尚。很有可能火锅是直到宋朝才开始流行的。火锅要大家坐在一起围着吃才热闹，而几个人坐在一张桌子旁一起吃饭的会餐制是宋朝兴起的。

相传魏文帝所用的"五熟釜"，和今天的九宫格类似

在这之前，大家吃饭都是分餐制，也就是每人面前一张小案子，大家各自跪坐在桌子前，吃自己的那一份食物。这首先是因为内衣的普及是一个缓慢的过程，在没有内衣的情况下，像现在这样坐在凳子上容易走光。其次则是由于八仙桌、方凳这样的家

具，是随着民族融合的过程慢慢传到中原的，在三国的时候，想坐都没得坐。所以到了宋朝，人们才可以像今天这样聚餐。而火锅的流行，也就在这以后才成为可能了。

一般认为，南宋诗人林洪最早较为详细地记载了火锅的吃法。在《山家清供》中，林洪把火锅叫作"拨霞供"。据说，他有一次去武夷山拜访隐士止止师。当他快要到止止师所住的仙掌峰时，忽然下起了大雪。雪天路滑，这时候，一只奔跑在山间的野兔从岩石上摔了下来，恰好被他抓住。可惜他到了止止师的住处，并没有会烧兔子的厨师。止止师说，在这样下雪的日子里，最好是在桌上放个生炭的火炉，炉上架个汤锅，然后把兔肉切成薄片，用料酒、酱油和花椒腌制一下，等到里面的汤煮沸之后，将肉片放进去焯一下，熟了就捞起来，蘸点儿佐料就可以吃了。林洪吃了以后特别上瘾，觉得这样的吃法不但简单，而且很暖和，后来就用同样的方法吃猪肉和羊肉。

他用"浪涌晴江雪,风翻照晚霞"来描写吃火锅的场面,腾涌的是雪一样的浪,所以应该是清汤底,但是肉片却是酱色的,所以看起来就好像是晚霞一样。

苏东坡笔下的"谷董羹"也可以算是火锅的一种。在《仇池笔记》中,苏东坡说他在广东惠州做官的时候,经常去罗浮山拜访高僧昙(tán)颖,昙颖会把各种吃的放在一起煮着吃,美其名曰"谷董羹"。也有人把它叫作"骨董羹"。其实"骨董"也好,"谷董"也罢,都和骨头没有什么关系,指的是食材放到汤里的时候会发出"咕咚"一声。想来出家为僧的昙颖往锅里放的也多是些自己种植的新鲜蔬菜吧。从这两则故事来看,似乎火锅在宋朝是隐居山林之人的心头好,在都市里生活的苏东坡和林洪都是从他们那里学来的。

火锅为什么要"涮"

其实,这恰恰说明了火锅的特点——烹饪方法简单,不需要烦琐的加工,只需要一锅清汤和自然的食材,其他要做的,不过是把食材放到沸腾的汤里迅速烫熟而已。这非常适合在山中居住的人,泉水和野味都是唾手可得的,而汤底和食材,即使在今天,也是火锅的两大要素。

　　山中无所有，清泉石上流，用山泉煮一锅清汤大约是最天然的汤底。当然，在今天火锅的汤底已经多种多样了，大致可以分为辣与不辣两种。不辣的固然千变万化，即使是辣的，也各有各的不同。在不辣的汤底中，最常见的大概是用猪大骨或是牛大骨熬成的白汤底，以番茄为主的茄汁汤底，以及用各种蘑菇调味的菌汤底。而辣的汤底中，喜闻乐见的则有主要用红辣椒做成的红油汤底，加了花椒的麻辣汤底，还有辣椒和醋完美结合的酸辣汤底。当然，各种辣与不辣的汤底还能自由组合，端到每一张桌子上的汤底，或许真的可以打上私人定制的烙印。

　　说到火锅的食材，其实和卤味差不多，几乎什么吃的都可以往里放，无论羊肉、猪肉、牛肉、鸡肉等肉类，大虾、鱼片等海鲜，还是百叶、大肠等下水，土豆、白菜、萝卜等蔬菜，都可以在火锅里翻滚。不同的是，卤味的食材一般都是大块的，而火锅的则要切成薄片，这是因为卤味要慢慢地炖，而火锅则讲究一个快字。潮汕人在吃牛肉火锅的时候，会特别注意哪个部位的肉需要三十秒，哪个部位的肉则只要十五秒。

　　相传元朝的开国皇帝忽必烈就特别喜欢吃涮羊肉。据说，因为带兵打仗的时候经常吃饭的时间不确定，而忽必烈又是个急

滋味乾坤

慈禧太后用过的银寿字火锅

性子，肚子一饿就想要马上吃东西，所以，他的厨师就经常把羊肉切成薄片后放到沸水中，烫一下之后，就给忽必烈蘸着佐料吃。后来忽必烈做了皇帝，就把这种吃法叫作涮羊肉。

从元朝到清朝，清汤涮肉还是火锅界的主流。据说乾隆皇帝特别爱吃火锅，每次下江南都会好好吃上一顿。江南的火锅不用说，自然是清汤的。在做了60年皇帝之后，乾隆宣布退位，好好享受生活。在那年的正月，他在宫中摆了一个"千叟宴"，邀请了5000位长寿的老翁，参席的有3056人，而他准备的美食，正是1500多个火锅，这也是历史上规模最大的火锅盛宴。

清朝时，北京的老百姓喜欢"生火锅"。那时候每到冬天，每家酒店门口都有一个小锅，下面生着火，里面是滚汤，旁边则摆着切好片的鸡肉、鱼肉、羊肉和猪肉。客人可以自己选喜欢的肉片，放到锅里去，熟了就捞起来蘸佐料吃。因为这些食材都是生的，切成片摆在盘里，所以这种吃法又叫作生火锅。这样的火锅加上白酒容易上火，有的酒家就会在锅里加几片具有清热效果的菊花瓣，因此也叫作菊花火锅。当然，菊花火锅也不辣。

从麻辣火锅到麻辣烫

现在很流行的麻辣火锅，其实最多也就有三百多年的历史——因为四川重庆一带人大约是三百年前才开始吃辣椒的。辣椒原产于美洲，15世纪末期哥伦布发现新大陆之后，欧洲人才第一次见到辣椒。通过海上的丝绸之路，辣椒又从欧洲到了中国，第一站是东南沿海各省，这已经是明朝末年的事了。

中国最早记载辣椒的书籍是明朝高濂写于1591年的《遵生八笺》，不过在书里，高濂主要把辣椒看作观赏性的植物，说辣椒的白花和果实"甚可观"，也就是非常好看的意思。明末的东南沿海相对比较富裕，大家并不想尝试吃这种口味辛辣的新玩意儿。

滋味乾坤

到了清朝的康熙年间，贵州地区由于吃不到食盐和蔬菜，就大量种植辣椒，开始把辣椒当菜吃，也有人把辣椒代盐吃。辣椒味道大，又有营养，的确算是穷人理想的下饭菜。在乾隆到道光年间，辣椒在贵州、云南、四川、湖南等地终于变成了每一道菜中必不可少的作料了。

辣椒在四川的流行催生了麻辣烫，很多人认为麻辣烫就是麻辣火锅的雏形。20世纪80年代谷建芬老师创作了一首叫《火锅姑娘》的歌曲，当时红遍大江南北。歌中唱道："山城妹子脾气犟，店子一开火气旺，鱼翅海参她不做，专门供应麻辣烫。"这就是把麻辣烫和火锅画上了等号。

麻辣烫起源于四川，最初在川江两岸的纤夫中流行。为了方便，纤夫们在饿了的时候，一群人就地在江边垒起石块，捡一些

树枝生火，然后在瓦罐里装满江水，再把瓦罐架在石块上，另一群人则在江边找野菜，然后用竹签把野菜穿起来，等瓦罐里的水开了，就把穿好的野菜和辣椒放进去，很快就可以填饱肚子了。干体力活儿的人出汗多，江边风又大，纤夫们自然喜欢吃又咸又辣又热的食物，这也为麻辣烫的味道打下了基调。

麻辣烫的精髓在于汤底。如果在家自己做麻辣烫吃，其实并不复杂。可以开大火，等到油热了之后，把豆瓣、生姜、花椒炒香，然后加入鸡汤，再加上豆豉、冰糖、醪糟、牛油、料酒、盐、胡椒、干辣椒等作料，慢慢熬成一锅又麻又辣的汤。接下来就是发挥想象的时间了，无论是鳝鱼、鹅肠、腰花、午餐肉，还是四季豆、韭菜、土豆，都可以切成合适的大小，用竹签穿起来放到汤里面去煮来吃。吃起来不但满嘴生香，还会让你大汗淋漓，大概你会一边扇风一边说："痛快，真痛快！"

滋味乾坤

指尖工坊

【 火 锅 的 吃 法 有 哪 些 】

麻辣鲜烫的重庆火锅，食材原本就是在重口味的红牛油汤中煮过烫过，出来还要蘸一下油碟，与北方浓厚的芝麻酱蘸料不同，油碟主料是香油和蒜泥，主要作用不在于调味，而是能稍稍解辣，更能降火。当然，有不能吃辣的朋友到重庆，吃辣派最大的友好表示就是选择一个鸳鸯锅，一边做火爆红汤，一边放养生清汤，可辣可淡，一团和气。

广东流行的粥底火锅，是用香米和东北米混合煮成粥，再将米渣磨烂和粥水混合继续熬，直到粥像汤一样看不到米的形状，因此又叫"无米粥"。它的特点是粥水的沸点高，用来烫食材更能保持鲜美，加上粥水本身就有降火养颜之功效，是可以将汤底都喝干的健康火锅。

近年来，小朋友们很喜欢的冰激凌火锅和巧克力火锅都是甜食爱好者的伟大发明，可以"烫"水果和冰激凌，放入巧克力锅底裹一下，像冰糖葫芦似的放在嘴里一尝，外热里凉，既有巧克力的醇香，又有冰激凌和水果的冷脆，让人回味无穷。不过，这种吃法热量太高，只能偶尔品尝一下。

　　总之，吃火锅最主要的是健康搭配，肉食和蔬菜都要有，先荤菜后素菜，加上一点儿豆腐防止上火，或者吃完可以再选择一些凉性的饮料或水果降火。

烤

肉在火中跳舞

说到"烤",也是在中国历史中最为悠久的烹调手法之一。在古代,烤叫作炙。脍炙人口、残羹冷炙、炙手可热,这些成语中的炙都和烤有关。早在《礼记》中就提到了"羊炙",也就是烤羊。《礼记》解释说,最早还没有火的时候,人们吃草木的果实,茹毛饮血,吃猎物的肉;在发明了火之后,就"以炮以燔(fán),以烹以炙",其中的"炮""燔""炙"都是烤的意思,只是各种烤的方式有所不同而已。相传烧烤的祖师是伏羲,伏羲——这位神话中的人类的始祖也被称为"庖牺",有人认为"庖牺"正是意味着"第一个用火烤肉的人"。

东汉的《释名》对各种"炙"的方法有详细描述,其中的"衔炙"和现在的烤串差不多。在山东临沂市出土了一座东汉的墓,里面的两块石头上刻着人在吃烤肉串的画像。考古学家认为这些人物形象都是汉人,而他们烤的就是牛羊肉串。而"貊炙"则和烤全羊的手法一样:"全体炙之,各

自方割"——就是把羊整个烤，等熟了之后，大家把肉割下来吃的意思。《释名》说这种烤法出自胡人，不过，至少在汉朝的时候，已经在中原很流行了，牛、羊、猪、鸡、鹅，甚至是鹿都可以烤着吃。

相传东汉的光武帝刘秀特别喜欢吃烤肉。负责刘秀饮食的官员叫陈正，有个奸臣对他怀恨在心。有一次陈正准备了烤肉，奸臣就在烤肉里放了一根头发丝。刘秀吃着烤肉的时候见到了头发丝，大为光火，要把陈正处斩。陈正说："微臣的确罪该万死，理由有三个：第一条罪，辛苦地用炭火高高的火焰把肉都烤得烂熟了，却居然没有把头发给烤化了；第二条罪，用锋利的刀把肉和骨头都斩了，却没有斩断头发；第三条罪，我和御厨一共六只眼睛检查过这道烤肉，却不如奸臣的两只眼睛。"刘秀听了，知道他是被陷害的，就赦免了他。

这则故事很好地说明了烤的特点——温度高，在火的高温炙烤下，肉会具有独特的香味，也就难怪那么多人喜欢吃了。不过随着社会的发展，各种烹调技术日益提高，烤肉虽然一直流行，但是却不像早期那样一枝独秀了。而在相对比较原生态的游牧部落里，烤依然是加工食物的主要手段之一，这也使得后来的人们一说起烤，首先会想到遥远的北方。

羊大为美

说起烤全羊，很多人都会想起内蒙古或是新疆，觉得这是那里的特色美食。这或多或少是一种误解。的确，在今天一提到羊，就会使人联想到一望无际的大草原。但是，从两千多年前开始，羊肉就并非北方游牧民族的专利。一方面，在《诗经》中，人们就把羔羊视为品德正直的象征；另一方面，羊肉非常耐饥。古时候出远门的人不容易找到吃饭的地方，经常在出门前吃一顿羊肉，就可以一天都不饿。因此，羊肉自古就是各地都喜欢的肉类美食之一。

《左传》就有记载为了一顿羊肉而发生的惨剧。鲁宣公二年（公元前607年），地处中原的宋国与郑国之间发生了战争。为了鼓舞士气，宋国的将军华元大摆羊肉宴来犒劳士兵，没想到吃到最后羊肉不够了，负责驾驭他战车的羊斟没能吃上。次日两军交战，驾着战车的羊斟怒气冲冲地说："昨天吃羊肉你说了算，今天打仗驾车我说了算。"话音未落，他驾着战车冲到了敌军阵营之中，导致华元直接就被抓了。羊斟为了一顿羊肉而做出了这样的事情，可见羊肉在当时人们的心目中地位有多高了。

到了差不多一千年以后的晋朝，人们不但依然喜欢吃羊肉，而且特别讲究羊肉的品种。《世说新语》中有一个故事说，桓温有一次请客，罗友特意请求参加。罗友坐了很久，竟啥也没说就告辞了。桓温就问他怎么这样就走了。罗友回答说："我听说白羊肉鲜美，一直没有品尝过，所以来这里吃一顿。现在我已经吃了，也就没啥别的事了。"由此可见，在一个吃货心里，吃一顿寻常吃不到的羊肉远比巴结权贵更加重要。

蒙古人和烤全羊

一般认为现在的烤全羊方式是从元朝流传下来的。明朝用来教朝鲜人学习汉字的《朴通事》中对元朝的烤全羊做了描述。书中说元朝的时候有"柳蒸羊"，在地上做一个三尺高的炉子，用火把炉子的四周都烧得通红，然后把用各种调味料腌制过的羊放在铁架子上，把铁架子放到炉子里，然后炉子的口子用柳条封住，羊就在炉子里面慢慢地被烤熟，大约三四小时就可以了。吃的时候，厨师会先把整只羊放到木盘里，端上餐桌后，由专人用蒙古刀把羊肉切成厚片，这样就可以吃了。相比较来说，今天的烤全羊方法与古代不同，大多是把羊放在铁架上在明火上直接烤。

正是因为烤全羊对器材的要求高，场面大，所以它并不是一般人家平常就能吃到的美食，而是贵族们用来招待客人的。一直到清朝，烧烤席都属于各种筵席中的最高级别，比鱼翅席还要珍贵。所谓的烧烤席，就是整个筵席最主要的菜是烤全猪或烤全羊。清朝末年，两广总督李瀚章有一次招待外宾，他按照惯例安排的是西餐。结果外宾觉得味道很糟糕，抱怨说："这次来，其实是想尝一下贵国的烧烤美味的。"可见当时中国烤肉的美名已经传到了国外。

北京烤鸭？南京烤鸭？

如果说烤全羊曾经是贵族们请客的首选，那么烤鸭则是很多百姓也吃得起的美食。和羊相比，中国人吃鸭的历史要稍微短一点儿。不过在大约5世纪时南朝的《食珍录》中，已经出现了"炙鸭"——也就是烤鸭。相对来说，南方人吃鸭子比较多，现在远近闻名的北京烤鸭，一说源于山东烤鸭，也有说原本是"南京"烤鸭。据说明朝的开国皇帝朱元璋打败了元朝之后定都南京，当地的厨师用炭火烘烤鸭子献给他，他特别喜欢这种烤鸭，每天都要吃上一只，这样很快烤鸭就在南京流行开来。后来他的儿子明成祖朱棣把首都迁到了北京，就把烤鸭也带到了北方。北京城里两家最有名的烤鸭店"便宜坊"和"全聚德"，就是在这之后开业的。

烤鸭的烤法有很多种。历史上最神奇的烤鸭法，大概是清朝光绪年间的国子监学生萧开泰发明的。萧开泰擅长算术和物理，当时他向皇上献计，提出可以用透镜折射太阳光的方法来引燃日本人的军舰。根据他的光学推算，用面积为八平方尺厚一尺的透镜，引光发火，就可以令三十里外的敌舰起火。但他的建议没有被采纳。回到家乡成都后，郁郁不得志的萧开泰在菜场卖烤鸭。

和其他烤鸭店不同的是，他的烤鸭是用透镜引火烤成的，为的就是证明自己的理论完全可行。据说这样烤出来的烤鸭味道特别好。可惜的是，这种烤法一定要天晴的日子里才能够使用。

现在最常见的北京烤鸭，则是全聚德所采取的"挂炉式"烤法。挂炉烤的炉子高一米左右，炉子的底部用果树的树木为燃料，这是因为果木燃烧的火大而旺，也没有烟，还会给鸭肉带来果木的清香。顾名思义，鸭子是挂在炉子的顶部的，而整个炉子是没有门的，这样在烤的过程中，师傅可以有规律地调换鸭子的位置，让鸭子受热均匀，一般要一个多小时才能烤熟。

北京烤鸭的关键不仅在于烤的技术，更在于鸭的品种。北京原来并不产鸭，最早的鸭都是通过运河从南方运到北京郊外的通州的。为了让鸭子长得肥，都会采用"填肥"方法。师傅会用高粱和其他饲料揉搓成和香肠差不多粗的长条，十多厘米的样子，然后用腿夹住鸭子，让鸭子动弹不得，再掰开鸭子的嘴巴，把长长的饲料一条一条塞进去，一

挂炉烤鸭

直塞到鸭子的肚子鼓起来为止。肚子都快撑破的鸭子们被关在小棚子里挤在一起，为的是不让它们动。就这样每天填一次，一连填几十天，鸭子营养过剩自然就肥了起来。这就是所谓的填鸭。后来大家把只让小朋友死记硬背的教育方式叫作"填鸭式教育"。教育用填鸭式当然是不好的，可是北京的烤鸭之所以好吃，却正是因为被填过的鸭子特别的肥。

和烤全羊一样，烤鸭并不能端上来就吃，而是要专门的师傅用刀把鸭子片成柳叶形状的片。技术好的师傅一只鸭子可以片成108片，每一片都以酥脆香美的鸭皮为主，鸭肉则反而成了配角。和鸭子一起上来的还会有荷叶饼，甜面酱和黄瓜条、葱条等配菜。用筷子挑一点儿甜面酱，抹在荷叶饼上，在饼上放几片烤鸭片，再加上几根葱条或黄瓜条，将荷叶饼卷起，就可以美美地吃一顿了。

也有人说黄瓜条配烤鸭是京剧大师梅兰芳的发明，不过这还不算他对烤鸭最大的贡献。这位曾经和老舍一起请巴金在北京吃烤鸭的大师，最天才的发明是蘸着白糖吃烤鸭……没错，烤鸭也好，烤全羊也罢，要烤得地道，还是得靠专门的师傅。但是作为一个爱吃达人，也完全可以积极开动脑筋在作料上想点新点子，在这一点上，梅兰芳先生也许是大家的好榜样！

【烤 牛 心】

对于现在很多人来说，烤牛心可能是比较陌生的一道菜，不过烤牛心（当时叫作牛心炙）在魏晋时期却是非常流行的。

据说，王羲之最开始出名就是因为吃了一顿烤牛心。王羲之才13岁的时候，拜访了当时的名士周顗。周伯仁觉得他是个人才，开饭的时候上了一道烤牛心，这在当时是非常名贵的菜肴。在其他的客人都还没有开始吃之前，周伯仁就亲自割了一片牛心给王羲之吃，于是，王羲之的名声就开始传播开了。

周伯仁亲自割牛心给王羲之这个细节告诉我们，当时的牛心应该是整个烤的。现在，我们要是来烤牛心，可以把洗好的牛心切成细长的条状，然后用烤肉酱腌半小时，再送入烤箱就可以了。有兴趣的话，大家可以试一试！

煲

不可饭无汤

中国人有一句古话，叫"宁可食无肉，不可饭无汤"，这句话充分体现了汤在中国人饭桌上的地位。在江南，汤通常是最后一道菜，可以让尝了酸甜咸辣后的嘴巴变得清爽。在岭南，一般汤是率先登场，一口汤喝下去，让人的胃开始热身，准备大吃一顿。无论是前奏还是压轴，都说明汤的地位非常特殊。

老洛阳人见面都喜欢问一句："喝汤了没有？"可能你会好奇，他们为什么会这么问。这里，还有一个故事。据说明朝有一个王爷，自己花天酒地，却对老百姓非常苛刻，为了让老百姓多交税，甚至都不让老百姓吃晚饭。有一个在王府里凿石修桥的老石匠，早晨和中午只能吃一个窝头，饿得眼冒金星，就偷偷挖了点儿野菜，加点儿水煮着吃了。不料被人发现报告给王爷，老石匠被带到王爷面前。老石匠辩解说自己吃的不是饭，只是野菜汤。王爷一看，果真是清汤碧水的野菜汤，再一想老石匠手艺高超，要是饿死了，就没人替自己干活儿了，就放过了老石匠。其他人看老石匠熬汤没有受罚，就争相效仿，人人都喝野菜汤，大家见面，还会互相问候："喝汤了没有？"这个习俗就渐渐流传下来了。

煮 汤和煲汤

正是因为大江南北的人都喜欢喝汤，所以汤的种类繁多，制作方法也各异。如果按照烹制时间的长短，那么至少可以分成两类。有的汤是大火快速煮成的，最常见的是蛋汤。蛋汤的做法有两种：一种是只有蛋白，叫碎玉汤；一种是蛋黄蛋白都用，叫蛋花汤。具体做法是：把鸡蛋打到碗里搅匀，再倒入沸水之中，根据个人口味可以加入西红柿、榨菜或是紫菜，等水再沸腾之后，加入适当的调料调味就可以喝了。《红楼梦》里贾宝玉喝的火腿鲜笋汤，电影《饮食男女》最后吴倩莲给"她"的父亲做的"三丝汤"都属于这一类。

相传在清朝的同治、光绪年间，杭州有个姓潘的厨子非常有

名，深得当时杭州的太守杨石泉的赏识。后来杨太守升官去了陕西，临走前，潘大厨拿着冬菇和几匹粗布为他送行。杨太守问他："我知道冬菇浸在酱油里很好吃。可是这布是用来干吗的？"潘大厨说："小人不是为了献布，而是把鸡汁浸到了布的里面，然后晒干。大人到北方的路上，有可能在荒僻的地方停留住宿，吃不到美味佳肴的时候，就可以剪一段这布，把它放到滚水之中，煮出来的汤和鸡汤的味道是差不多的。"杨太守试了之后，味道果然不错，对潘大厨大加赞赏。潘大厨的汤就好像现在的速溶汤料，一下水就可以喝，可以说是方便快捷到极致了。

相反，另一种汤则是需要"煲"的。所谓的"煲"，就是用文火慢慢地熬。煲汤需要耐心和时间，对食材的搭配一般也更为讲

究。通常说"三煲四炖"，也就是说汤至少要煲上三小时。而煲汤的原料往往会选择肉类，再加上各种蔬菜或是中药，不但味道鲜美，而且对身体也有着保健的功效。

著名作家梁实秋说，在抗日战争时他到了重庆，暂时住在一位朋友家。吃晚饭的时候，主人上了一大钵排骨汤，还谦虚地说自己的汤煲得不好，他有个朋友杨太太煲的排骨萝卜汤才是真的美味。过了几天，主人带着梁实秋去杨太太家用餐，杨太太果然端上来一大瓦钵排骨萝卜汤，排骨酥烂而未成渣，萝卜煮透而未变泥，汤的味道也热浓香稠。大家就问这煲汤的秘诀，杨太太笑着不肯说。这时候，在座的一位朋友说："让我来说吧。其实办法说简单也很简单，那就是多放排骨，少加萝卜，少加水，火要小，时间要长。"后来梁实秋照着这个方法煲了一次这排骨萝卜汤，果然味道也一样的好。

广东人的老火汤

广东人把这种需要花很长时间煲的汤叫作老火汤。由于广东气候湿热，广东人很早就开始喝老火汤以祛湿除热，保持身体的健康。由于每个季节天气不同，广东人煲汤的种类也会随着季节的转换而变化。他们把各种食材组合在一起，烹制出不同口味、不同功效的靓汤。在广东人看来，没什么病是一碗靓汤治不了的。消化不良？没关系，来一个淮山党参鹌鹑汤；关节痛发作？没关系，来一个五指毛桃瘦肉汤；有点儿咳嗽？没关系，来一个百合西洋菜猪展生鱼汤……其他诸如阿胶红枣乌鸡汤、山药茯苓乳鸽汤、黄精枸杞牛尾汤、半边莲炖鱼尾汤、冬虫草竹丝鸡汤、霸王花猪肉汤、苹果瘦肉黑枣汤、八爪鱼猪骨莲藕汤，可谓种类繁多，让人眼花缭乱。

广东人把三四月份特别潮湿的日子叫作回南天，在这样的日子里，很多人就会煲具有祛湿功效的粉葛赤小豆鲮鱼汤。一般

会先用油煎一下鲮鱼，然后在砂锅里把水烧开，放入准备好的粉葛、赤小豆、陈皮和蜜枣，也可以加一点儿猪瘦肉，用大火烧开后改成文火，慢慢煲至少三小时，就可以喝了。要注意的是，中间千万不要再加冷水，否则肉类遇冷容易收缩，就会影响汤的鲜美。讲究一点儿的，甚至会煲七八小时，那时候最早放下去的那条鲮鱼已经完全融于汤中，也可以在最后一小时再放一条鲮鱼下去，这样就既可以喝靓汤，又能够吃鱼肉。

煲汤和砂锅

食材和时间固然关键，煲汤的器具也同样重要。一般人们会用砂锅、陶瓷锅或是瓦钵煲汤，其中用得最多的应当是砂锅。人们喜欢用砂锅，一方面是因为它的材质可以使汤的味道格外鲜美，另一方面也是因为它质地坚硬、传热均匀。严格来说，最早的砂锅也属于陶器的一种。根据考古发现，早在新石器时代（距今一万年左右），人们就开始使用夹砂陶，后来经过历代的改良，形成了现在的砂锅。

传说从前有对夫妇，男的叫"耐心汉"，女的叫"急性婆"。有一次，他们去赶集买了一个陶盆，结果回到家后不小心打碎。耐心汉就用砂把碎了的盆重新捏成了一个泥盆，而急性婆不愿意等它慢慢地变干，就把它送到铁匠打铁用的烘炉上去烤，于是就出现了砂盆——也就是砂锅。在唐宋时期，砂锅已经非常流行。"打破砂锅问到底"这句俗语，就出自北宋诗人黄庭坚的《拙轩颂》，不过在里面，黄庭坚也是把它叫作"沙盆"。

现在人们做砂锅，首先会将黏土碾碎，然后把黏土的细粉加水搅拌成泥，用木棒反复敲打，直到泥团不黏手，就开始和泥，接着把和好的泥制成胚——也就是锅的形状，再放在露天的地方晒干，等到定型后还要烘干，放到烧炉里烧半小时左右。这时候会挖好坑，在坑里放好柴草，最后从烧炉里取出烧得火红的锅子放到坑里，再用黄土把它盖住。锅子上的火引燃了柴草，就会产生浓烟熏蒸着砂锅。这样熏蒸半小时后再冷却，一个砂锅就做成了。如今，山西的阳泉、贵州的织金、甘肃的兰州都盛产砂锅。

滋味乾坤

煲汤的砂锅

　　看到这里，你是不是会想，如果自己去买个砂锅，那么应该煲一锅什么样的靓汤呢？香港的美食家蔡澜曾写到，他听说旧时代广东顺德的老用人一看到主人嘴唇的颜色，就可以马上对症下药地煲出相应的汤来。在我们这个时代，这样有经验、有本事的老用人我们不一定请得起，但你可以请一位经验丰富的老广东来看看你的脸色，再给点儿地道的建议，多半对身体也是有好处的！

【四季养生汤】

在中国文化尤其传统中医理论中，不同的地区在不同的季节都有适合和不适合吃的食物，吃得对就很有利于健康，吃得不对就会引发各种身体的不适。因为不同的食材都有自己的"性"和药效，所以用几种材料搭配合理的汤就是季节养生的首选。

中医认为，春生、夏长、秋收、冬藏是一个生命要遵守的总规律。"人与天地相应"，意思是人体的生理机理应与四季气候的变化密切相应，那么春养于肝，夏养于心，秋养于肺，冬养于肾，也是养生汤的总规律。

我国有很多广为流传的"食疗养生汤"。比如桂圆莲子汤安神，红糖生姜汤驱寒，绿豆汤、海带汤消凉解暑，萝卜汤消食通气，银耳汤补阴……各种各样五花八门。其实，各种养生汤虽不能真的代替药品治病，但是长期吃健康食材，减少奶茶、零食等各种饱含添加剂的食品摄入，一定对身体健康有利。

炸

又香又酥的秘诀

说到炸丸子，那是连济公和尚都喜欢吃的美味。在《济公全传》里说到，有一次济公为了救一位义士跑到了酒楼里，伙计问他要吃什么，济公说要吃"把肉那么一切，这么一切，团成蛋"的菜。伙计明白了，说那是丸子。接着伙计问："你要炸丸子，还是熘丸子、氽丸子、四喜丸子、海参丸子、三鲜丸子？"济公说要一个炸丸子。过了一会儿，伙计把丸子端了上来。济公一看说："我要一个炸丸子，你怎么给我来十一个？"伙计说你要的是一个菜，这个菜叫炸丸子，一份就是十一个。济公就故作委屈地说，自己喜欢吃"一个"大的丸子，用手捧着吃……

看来在济公和尚生活的年代，丸子已经成为酒楼里的常见菜

狮子头

式，而炸丸子更是丸子系列的首选。也许有人会以为能用手捧着吃的丸子过于夸张，其实这么大的丸子的确是有的。清朝著名的文人袁枚在他编写的《随园食单》中介绍了一种丸子叫"杨公圆"，说是一个姓杨的县令做的肉圆大如茶杯，可是细腻绝伦。也有人说"杨公圆"其实就是现在的狮子头。不管怎样，这种大小的丸子一个就够人吃一顿了吧。

炸和煎的不同

正是因为丸子圆圆的，形状和饼不一样，所以油炸丸子需要在油里炸，而不是煎。除了都需要油之外，炸和煎在很多地方刚好完全相反。以炸丸子为例，首先，炸需要大量的油（煎则是少量油），油要没过整个丸子，只有这样，当丸子放到油里的时候才不会改变油温，同时丸子也可以在稳定的油温中均匀受热；其次，炸东西时，要根据食材的不同，用旺火、中火、小火。而煎则是用中小火，慢慢煎，直至煎熟。最后，炸之前一定要选择合适的油温，可以用竹筷子或木筷子试一下温度。而煎则完全不用，做好食物就放进锅里，慢慢煎好就行了。

熊熊的火焰加上滚烫的热油，是不是有一种可以瞬间就吞噬

炸丸子需要油，就好像鱼儿离不开水

一切的威慑感呢？《西游记》里孙悟空和猪八戒偷吃了五庄观镇元大仙的人参果，当镇元大仙发现后大怒，叫手下架起干柴，生了烈火，说："把清油熬上一锅，烧得滚了，将孙行者下油锅炸他一炸，与我人参树报仇！"孙悟空就回嘴说，正好有些儿皮肤燥痒，想在油锅里洗个澡。说是这么说，孙悟空其实也怕镇元大仙的油锅有些自己对付不了的法力，就把旁边的一个石狮子变成了自己的模样，自己则变成了石狮子。镇元大仙手下的小仙们在油滚了之后，费尽了力气把孙悟空模样的石狮子扔到了油锅里，结果油锅底被砸漏了。

榨油技术的提高

《西游记》是明朝时候的小说，小说中描写的场面也离不开当时的现实：那就是油的产量和唐宋相比已经大大增加，如果是在玄奘真正生活的唐朝，是很难找出这么多油来炸孙悟空的。油产量的增加和榨油器具的改进有着直接的关系。我们现在所能看到的最古老的榨油器具来自元朝，公元1313年王祯写了《王祯农书》，在其中首次描述了榨油器具。而在明末宋应星的《天工开物》中，也图文并茂地讲述了不同的榨油器具。这从一个角度说明了元、明以来榨油业的发展。

王祯所描述的卧式楔子榨油器具，是用巨大的木材做成的一个榨床。在榨床上有一个圆形的口子，用来放裹成饼状的植物籽。榨床的底部有一块踏板，踏板的一头连着圆形的楔块，当榨油的师傅用脚踩踏板时，楔块在杠杆原理的作用下会重重地落下来，挤压放在口子里的植物籽。这种机械化的榨油器具大大地提高了植物油的产量，难怪镇元大仙可以轻易找到足够的油来炸孙悟空。

当然，元朝以前油炸美食已经初见雏形，我们在早饭时经常吃的油条，相传就出现在宋朝。油条最早叫"油炸鬼"，在今天广东一带的人们仍然这么叫它。根据民间传说，公元1142年爱国将领岳飞被秦桧和他的妻子王氏害死之后，杭州城里的老百姓非常气愤。有个小吃摊的老板为了泄愤，就用面团揉成秦桧和他妻子模样的两个小人儿，把它们捏在一起在油里炸，结果没想到味道很不错。有人问他这种小吃叫什么，他灵机一动说叫"油炸桧"。由于桧和鬼发音相近，后来就变成了油炸鬼。

　　随着元、明两朝榨油技术的提高，明朝开始各种炸的美食就更为流行了：水里游的有炸鳗鱼，地上走的有炸猪排，天上飞的有炸鹌鹑。炸丸子可以说是其中最为常见的一种罢了。

丸子是怎么炸成的

　　正是因为炸丸子在中国的大江南北都广受欢迎，所以它的做法也就多种多样，不尽相同。

　　在今天较为家常的做法，一般会把肥瘦各半的猪肉剁成肉馅之后，与鸡蛋、湿团粉、姜末、盐和适量的水混在一起搅匀；接着在锅里倒入油，用大火加热到七成热时，把加工好的肉馅用手揉成直径三厘米左右的丸子，逐个放到油锅里炸；颜色变金黄之

后捞出，等油温再热一点儿后再放进去炸，直到颜色呈枣红色捞出。根据个人的口味，可以直接装盘蘸酱吃，也可以再加调料翻炒、炖蒸，做成各种味道的丸子。

在炸丸子系列菜中，最著名的当数四喜丸子。传说古代有个叫张九龄的年轻人考中了进士，并受到皇上的赐婚成了驸马。在成婚前，张九龄把在家乡过苦日子的父母接到了京城，府上的大厨便炸了四个丸子来庆祝。张九龄就问这四个大肉丸子有什么含义。聪明的大厨回答说："这个菜叫'四圆'，有着好意头，一圆老爷金榜题名；二圆成家完婚；三圆做了乘龙快婿；四圆双亲阖家团圆。"张九龄听了很高兴，大笑着说："'四圆'不如叫'四喜丸'更好听啊。"从此之后，每逢喜庆的日子，宴席上就会出现

四喜丸子

四喜丸子。

  完全靠"炸"的丸子在北方比较流行，干炸丸子可谓鲁菜中的名菜。明清两朝，鲁菜在京城红极一时，几乎大小酒楼都有干炸丸子这道菜，上到"满汉全席"，下到街头的小摊，都可以见到肉丸子的身影。南方的不少肉丸子则在炸的基础上，还会加入酱油和糖等各式调味料用慢火煮。来自扬州的著名作家汪曾祺在介绍狮子头的做法时，就特意强调狮子头在炸了之后还要慢煮，这样才会入味。汪曾祺对吃非常讲究，在他看来，丸子的肉要切得越细越好，尽量不要斩，更加不能用绞肉机，否则会影响口感；另外，可以在肉里加荸荠，让丸子的味道更加丰富细腻。很显然，他把重点放在了丸子本身，而不是在"炸"上。

谁说丸子一定要有肉

  没错，丸子本身是可以千变万化的，那种把丸子简单地理解成肉丸子的想法是过于狭隘了，比如狮子头里面还可以加虾仁和蟹粉，而袁枚很喜欢的八宝肉圆，就是在肥瘦各半的猪肉里加上松子、笋尖、荸荠、香菇等食材。当然，能做成丸子的肉绝不仅仅是猪肉，鸡肉、牛肉、鱼肉……都可以做成圆溜溜的丸子。散文家梁实秋很喜欢的"乌丸子",就一半是炸猪肉丸子,一半是炸鸡胸肉丸子,盛在一个盘里,蘸着卤汁吃。

如果想要吃得健康一点儿的,可以选择素丸子。素食也是当今世界的潮流。有人说任何的潮流都是一种复古,其实在古代,很多人都是素食主义者,除了因为宗教而不能吃肉的和尚和尼姑外,连康熙和乾隆都特别喜爱素食,在宫廷就自然有专门做素丸子的御厨。素丸子的用料也很多样,胡萝卜、白萝卜、西葫芦、香菇、毛豆……各种食材可以自由组合,给人带来不同的味觉享受。在北方有著名的"八大碗",一般是七荤一素,而这唯一的素菜就是炸素丸子。

相传,八仙中的何仙姑就吃过这炸素丸子。据说,有一次八仙过海时和龙王打了起来,很长时间都难分胜负。这时候,曹国舅就跑到一个村里找吃的,正碰上农民们在做饭,他就溜到厨房取了八个菜。因为何仙姑不吃荤菜,曹国舅就给她专门带了一份素丸子。临走时他留了张纸条,说明了八仙借菜,日后一定会奉还。

梁实秋曾说:"我想人没有不爱吃炸丸子的,尤其是小孩。"可是既然济公和何仙姑都喜欢吃炸丸子,是不是要加上一句说"我想神仙都是爱吃炸丸子的"呢?

空心丸子

　　清朝的袁枚介绍过一种空心肉圆，先将肉切碎后敲打成泥状，接着用一小团冻猪油做馅儿，将肉泥裹成汤圆的模样，然后蒸熟。这时里面的猪油就已经渗透到了肉里面，丸子里面就成了空心的了。据说镇江人特别擅长这种方法。而在食材极大丰富的今天，完全可以打开自己想象的翅膀，往丸子里面塞一点儿芝士或者榴梿，味道可能也不错！

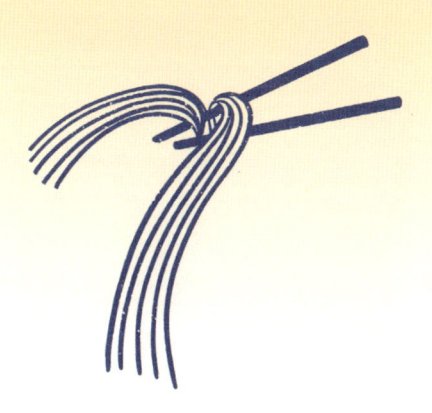

面条与米线

细细长长的美味

30多年前,江苏有位叫陆文夫的作家,写了一篇小说《美食家》。不用说,看名字就知道小说的主人公一定是一位对吃顶讲究的人。为了吃,他每天天不亮就要起来——不是为了去买菜,而是要赶到当地一家有名的面馆,去吃上一碗头汤面。所谓头汤面,就是每天面馆的锅里换上新的清汤后煮的第一批面。因为在面馆里,煮面的清汤是每天只换一次的,煮的面条越多,汤里面的碱味儿就越大,只有第一批下的面条,才是最原汁原味的。对于普通人来说,也许根本就尝不出其中的分别,不过在美食家看来,不同的汤煮出来的面条,可能是天差地别的。

面和汤的关系天生就很紧密。在司马迁生活的西汉,面就已经出现了,只是那时候还没有面"条"。当时的面叫作"饦"(tuō),

饦

想吃面的时候，会揉好一块面团，然后烧开一锅清汤，接着一只手托着面团，另一只手把面撕下来按扁后马上扔到锅里面。想来那时候的面，和现在江浙一带的面疙瘩或是北方的面片差不多，并不是细细长长一条一条的。

正是因为面从一开始就不是烤着吃或是蒸着吃，而是在汤里煮熟了吃的，所以很早的时候面就被称为"汤饼"。说起汤饼，最出名的就是三国时期魏国的大臣何晏的故事了。话说何晏长得非常帅，皮肤也特别白。当时的皇上魏明帝就怀疑他是抹了白粉的缘故。有一次夏天的时候，魏明帝给何晏热汤饼吃。大夏天吃了热面就会流汗，这时候，如果是抹了粉的话，脸上就会花了。何晏吃了之后，果然大汗淋漓。他用红色的衣袖擦了擦脸上的汗，结果他的脸还是一样的白。这个故事固然说明了何晏的肤色是天然白，同时也告诉我们，在三国时期面已经很普遍了。

面条的出现

从汤饼变成面条大约是唐宋之间的事。面变成了长长的"条"，就有了长寿的象征，才有了生日吃寿面的风俗。据说唐玄宗李隆基的王皇后多年没有生孩子，唐玄宗就想废了她。王皇后哭着说，难道陛下忘记了当初我家里人用衣服换面粉，为您煮生日面的场景了吗？唐玄宗当时就被感动了。

面"条"的出现，在很大程度上是因为制面技术的提高。在宋朝出现了拉面，当时叫作"水滑面"，手艺好的师傅已经可以把面拉得又细又薄了。不过对于普通人来说，技术的提高则靠的是工具的改进。在宋朝以前，大家开始用起了面刀和面杖。面杖可以把面团擀得平平的，而面刀则可以把已经被擀得平平的面皮切成细细的面条。

在宋太祖赵匡胤（yìn）陈桥兵变黄袍加身之前，他还只是一个将军。当时有传言说众士兵会拥护他做皇帝。赵匡胤听说了之后非常害怕，暗地里和家人商量说，这件事传得人尽皆知，自己应该怎么办呢？这时候，他的姐姐正在厨房擀面团，她黑着脸拿着擀面杖出来砸向弟弟的脑袋，说："大丈夫要临危不乱，你应该自己有胸怀去处理这件事，何必跑到家里来让我们女流之辈为你担心呢？"这个故事说明，在当时，擀面杖已经是厨房中常见的工具了，因为赵匡胤的姐姐顺手就能抄起一根。

面刀和面杖的使用，让做面条变得又快又方便。之前想吃面的时候，要现揉面，现做现吃。当有了工具之后，有的做面师傅就能一口气做出很多来，然后再把它们晒干，这样想吃的时候直

滋味乾坤

有了擀面杖，才有了面条

接煮就行了。这就是我们今天可以在超市买到的"挂面"的雏形。宋朝的《玉峰志》里提到了一种江苏生产的"药棋面"，有人认为就是最早的挂面。它薄得像一层纸，只有几毫米粗细，因为是干的，所以便于携带。当时这样的面条还很珍贵，可以送给远方的亲戚朋友，连达官贵人们都会争相购买。

面条和浇头

随着面"条"的出现，面的吃法也开始多样。汤不再是面必需的伴侣了。没什么汤汁的炒面、煎面、凉面都慢慢地崭露头角。人们也开始讲究面条的配料。在江南，把面条里的配菜叫作"浇头"。根据记载，在北宋都城汴梁卖的面条里浇头种类繁多，有猪羊生面、鸡丝面、三鲜面、笋泼肉面、子料浇虾面、耍鱼面、菜面、大片铺羊面、卷鱼面、笋辣面、百花棋子面、蝴蝶面、血脏面、齑(jī)肉菜面、素骨头面……

各种浇头

这么多的名字，看着都让人眼花缭乱。但是千万要记住，这些让人流下口水的"浇头"代表着当时高档面条的水准。南宋名将岳飞平时只吃用酸菜末为配料的"齑面"，只有在请自己下属吃面的时候，才会花钱用"煎猪肉"做浇头。有一次岳飞带兵去江西，路过一座寺庙，里面的高僧和他非常谈得来，晚上就请他吃面。面端上来的时候,岳飞发现上面什么浇头都没有。顾名思义,浇头是放在面条上面的。这时候高僧对他说,把面条翻过来就可以了——原来浇头在底下呢。据说高僧这是在试探岳飞想不想造反。当然,忠君爱国的岳飞快速地把面吃完了,对这个暗示完全没有搭理。

宋、元之间面条的花样繁多,以至于从意大利远道而来的马可波罗对面条的美味念念不忘,还把面条带回了家乡。最后在丝绸之路另一端的欧洲大陆上,出现了同样品种多样的意大利面。

到了明清两朝,美食家们对浇头的讲究到了极致,同时也对面汤有了更高的要求。清朝的袁枚认为,一碗煮好了的面,也是要"以汤多为佳",甚至觉得汤应该要彻底没过面条,要"在碗中望不见面为妙"。但是袁枚所说的汤已经不再是西汉时候的清水汤了,而是经过精细烹制的鸡汤。这样的面条,即使是只吃一碗都非常奢侈。以他最喜欢的"鳗面"为例,要把一条大鳗鱼蒸烂,然后拆肉去骨,把鳗鱼肉整个混合在面粉之中,再加一点儿鸡汤,把鳗鱼肉和面粉揉成面团,接着用擀面杖擀成面皮,再用面刀把面皮切成面条,最后把鳗鱼面条放到由鸡汁、火腿汁和蘑菇汤混合而成的面汤里煮熟。李渔喜欢的五香面,也是要用笋、蘑菇和虾熬成的鲜汁为汤底。

清朝末年的《清稗（bài）类钞》中说，无论是汤面、炒面还是拌面，都会用火鸡、火腿、鸡丝、虾仁、黄鱼和蟹肉等作料做浇头。这样的面条好吃是好吃，但是过于精致，而且昂贵，普通老百姓既没有钱买这么多的食材，也没有时间去制作。最受老百姓欢迎的面条，制作起来肯定不会那么复杂。

五 大面条

很多人把山西刀削面、四川担担面、北京炸酱面、兰州拉面和武汉热干面称为五大面条（也有人用河南烩面替代兰州拉面）。这几种面条的共同特点就是做法简单，好吃不贵。

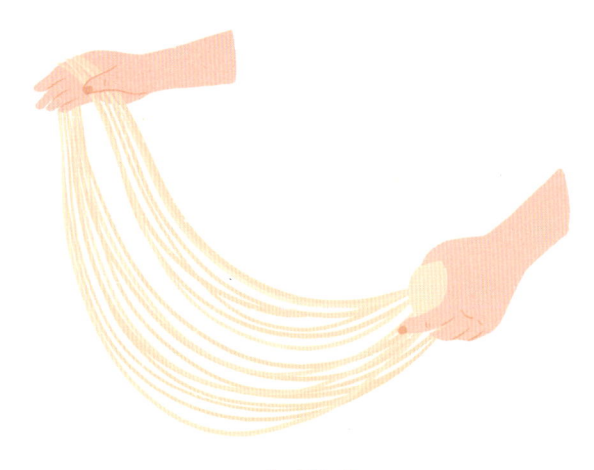

兰州拉面

以担担面为例，一听名字就知道是街头的小吃。相传清朝时在四川自贡有一位姓陈的小贩，每天用肩膀挑着扁担，走街串巷卖面条。他的担子一头装着面条、调料和碗筷，另一头装着炉子和锅。有人想要吃面的时候就把他叫住，他把面条放到锅里面煮熟了，加一点儿青菜和鲜辣的调料，马上就可以吃了。因为这种面条的制作都是在一副担子上完成的，所以就有了担担面这个名字。

同样，热干面也是武汉的街头美食。相传大约90年前，武汉有一个卖面条的师傅，有一天剩下好多面条没有卖出去，那天刚好很热，他怕第二天再卖的话面条会变馊，就把这些面条煮熟了晾在案板上。结果一不小心打翻了油壶，里面的麻油洒在了面条上，他就索性把麻油和面条拌匀再晾干。第二天一早做生意前，他把拌了油的熟面条放到沸水里，想给自己先做个早餐，结果发现味道特别好。香味吸引了很多顾客，他们争相问这是什么面条。因为是煮熟晾干后的面条再烫热，他就说这叫"热干面"。从此之后，热干面成了武汉的传统早点。

隆重可简单的米线

说起米线，大家一定首先会想到云南，在云南，几乎没有人不喜欢米线。顾名思义，米线是用大米做成的一根根细长的线，形状和面条差不多。米线在中国至少也有一千多年的历史了，公元6世纪南北朝时期的《齐民要术》中就记载了米线，把它叫作"粲"。

当然，米线的吃法也有简单和复杂之分。相对复杂而著名的当数"过桥米线"。过桥米线由四部分组成：一是汤，汤上面盖着一层滚油；二是作料，一般有辣椒、胡椒、盐等；三是主料，荤的有生里脊片、鸡胸肉片、鱼片等，素的有韭菜、生菜、豆腐皮等；四是主食，即用水略烫过的米线。四部分会分别端上桌，看起来排场很大。吃的时候把主料先放进汤里，再放米线，最后放进调料，过一会儿就可以吃了。

关于过桥米线的来历，有着一个流传很广的故事。相传清朝时云南省蒙自市有一个秀才，白天经常在城外的一个岛上读书。秀才喜欢吃米线，他的娘子就常常走过一座桥，到岛上给他送米线吃。但是从家里出发到岛上要很长时间，到了那里米线就凉了。有一次秀才读书特别辛苦，娘子就给秀才炖了鸡汤，炖汤的鸡特

滋味乾坤

别肥，汤上面就有一层鸡油，结果秀才喝的时候还是热腾腾的。于是后来娘子就先炖好鸡汤，汤上面盖一层厚厚的鸡油，然后在家烫熟米线，把配菜切得薄薄的，用盘子分开装好。到了岛上，她才把配料和米线倒入鸡汤中，用汤的热度使配料熟透，这样秀才就可以吃到热乎乎香喷喷的米线了。因为到岛上要过一座桥，所以人们就把它叫作"过桥米线"。

很多人也许并不想吃个米线就要那么多碟子摆满整张桌子。不用担心，想简单吃米线的，也可以吃得很简单。把米线放到沸水中，煮熟了之后捞起来，喜欢什么酱就放什么，拌匀了就是一顿美美的早餐。这样的一碗米线，就好像一碗阳春面一样，低调而实在，默默地安抚着你的胃。

那么对于你来说，面条或米线究竟是想吃得隆重一点儿，还是简单一点儿呢？

指尖工坊

面条雪糕

把面条和雪糕合二为一，这是什么样的体验呢？其实也不用太诧异，早几年前，网络上就有方便面雪糕流传。但方便面是咸的，做成雪糕味道多少有点儿怪异。如果我们用加了糖的面条冻成雪糕，那么味道又会怎样呢？

首先要知道，甜面条是自古就有的。清朝的《燕京岁时记》就说北京人在四月麦子熟的时候，会把面条炒熟，加上糖拌着吃。其次呢，用糯米做成的麻薯，早就成为雪糕的品种，因此面条做成雪糕，也不算是过于夸张。

选适量的面条，煮熟之后用糖拌匀了，再把面条放到制作雪糕的模子里，放到冰箱里冷冻，等凝固成固体，就可以尝尝看了哦。如果想要口味独特的，也可以选择加红糖或是蜂蜜。在夏天，味道真的还不错呢！

包子和年糕

热气腾腾暖人心

先猜一个谜语。襁褓，打一种食物。一个提示，襁褓是用来裹婴儿的小被子，那么，谜底就是——包子！

作为中国人喜闻乐见的小吃之一，包子的身世也颇为显赫。它可是诸葛亮发明的。读过《三国演义》的，都知道诸葛亮远赴南蛮，七擒七纵孟获的故事。诸葛亮大获全胜之后，在回蜀国的路上路过了泸水——也就是今天的金沙江。泸水经常会掀起巨浪，按照当地人的习俗，大军要安全通过，就要用人头来拜祭水神。诸葛亮听了，坚决反对这种野蛮血腥的做法。诸葛亮说，水神不就是想吃点儿肉嘛，那简单，他叫负责做饭的伙夫揉好面擀成皮，再把牛羊肉剁成馅儿，接着用面皮把肉馅裹起来，做成圆鼓鼓的样子，最后在上面画上眼睛和鼻子，蒸熟了之后，就好像

诸葛亮用馒头祭水神

一个个人头。他们把这些"蛮头"扔到泸水之中,巨浪果然就消失了。"蛮头"就这样流传了起来,慢慢地就被叫成了"馒头"。

且慢,北方的朋友们可能会说,这分明是用来打狗会有去无回的肉包子,怎么是馒头呢!不要着急,江南人说馒头的时候,指的就是这种带馅儿的包子(就好像江南人常吃的油馓子,北方人叫作麻花一样)。说起来,最早的馒头的确是里面有馅儿的,而且个头儿应该还不小,要不然怎么能够像人头呢?

尽管相传诸葛亮在三国时期已经蒸了第一笼肉馒头,不过馒头和包子的真正流行是在宋朝。这在很大程度上是由于宋朝面食制作技术的提高。擀面杖等工具的普及,使得面皮的厚薄可以得到更好的控制,面粉的筋道程度也有了进一步的提升。人们就不再满足于粗犷地吃饼,而是会不断制作出新的美食了。

根据《东京梦华录》记载,北宋的都城汴梁不仅有卖"王楼山洞梅花包子"的铺子,还有卖羊肉小馒头的店家。这山洞梅花包子,说起来算是现在小笼包的前身。夹起来的时候它像一个小灯笼,放在蒸笼里又像是一朵花。现在杭州的小笼包全国闻名,据说就是宋朝南迁之后,原本汴梁的师傅们都到了南宋的都城临安(今天的杭州),把手艺也都传了过去。

当时的富贵人家做包子非常讲究。《鹤林玉露》中有个故事说，北宋末年一个有钱人在京城买了一个婢女，她说自己以前在蔡京蔡太师府上是专门做包子的。有一天主人让她做包子，她说自己没法做。主人问她为什么，她说："我只是在负责做包子的厨房里专门切葱丝的。"原来在蔡京家里，不但有一群人专门负责做包子，而且这群人也都各自负责专门的工作，有的负责肉馅儿，有的负责素馅儿，有的负责揉面，有的负责配料……以至于她的确是做包子的，可是的确又不会做包子！

包子：心里外表都要美

那么，包子究竟应该怎么做呢？回答这个问题之前，我们也许应该问，你想吃的是什么包子？是的，包子的种类可是不少。从馅儿的口味来分，至少可以分成三类：肉包子、素包子和甜包子；从包子的大小来说，从山核桃大小的迷你包子，到小笼包，再到大包子，也不尽相同；从包子的烹制来说，也有蒸、煎、烤的差异。

在古人看来，做包子的要素就只有两个：一个是馅儿，一个是皮。只要里外都做好，那就肯定是一个好吃的包子。

对于中国人来说，几乎没有啥是不能做成馅儿的。荤的猪、

滋味乾坤

牛、羊，鲜的鱼、虾、蟹，素的菜、笋、菇，甜的豆沙、枣泥和芝麻，都可以成为包子的馅儿，而且荤和素，甚至是甜和咸都可以混合。馅儿的关键在于搭配，而搭配的关键在于"精细"。"精"是说挑选材料要精良。千万不要以为包子是小吃，就选下脚料。事实上，正是因为包子通常不会和其他的菜肴混在一起吃，所以一旦口感不好，会很容易被发现。

相传康熙有一次去京城的一家包子铺，发现那里的包子味道特别好，又卖得很便宜，他就怀疑老板在馅儿里做了手脚。找人一问，原来包子铺的楼上是高档酒楼，专门做八旗子弟的生意。那些王公贵族吃饭讲究个排场，很多美味佳肴放在桌上连碰都不碰。老板就把那些剩下的菜肴做成了包子馅儿，这样，穷人们就可以吃到又便宜又美味的包子。说到底，这还是因为包子的馅儿本来就是精挑细选的上等货。

"细"指的是馅儿一定要剁得细，在剁细了之后，各种材料才可以完美地融合在一起。要不然，不但咬起来可能费劲，而且还会盖住其他配料的味道。例如扬州著名的三丁包子，用鸡丁、肉丁和笋丁做成，三鲜一体，就绝不能出现大块的肉；而比较大众的猪肉白菜包子，要看起来好像并没有白菜，但有白菜的清香，这才能说明厨师的手艺真正好。

和馅儿相比，皮虽然看起来简单，但其实也有不少讲究。包子一般要用发酵的面，这样包子皮才会有弹性。而发酵的手法，则都是各家著名包子铺的秘密。清朝的袁枚说"做酵最难"，他觉得扬州的师傅懂得发酵的精髓，揉出的面团用手按住也就一两厘米高，可是手放开之后会隆起来。正是这样的弹性，才可以在包子里面"灌汤"。

说起灌汤包，很多人会好奇汤是怎么放到包子里的。其实传统做灌汤包的时候，会在馅儿里加上肉冻，这样在蒸熟了之后，肉冻就化成了汤汁。这时候对皮的要求就很高，皮太薄，汤就会漏出来；皮太厚，又会影响口感。

需要吸管的包子

这样的包子，与其说是吃的，倒不如说是吸的。吃小笼包或是灌汤包的诀窍，就在于不能大口咬下去，要先咬一个小口子，把汤水吸到嘴里。著名的富春包子，甚至会直接给你一根吸管。关于吃灌汤包，还有一个经典的笑话：两个陌生人拼桌吃灌汤包。其中一位没吃过，一大口下去，包子里的汤汁直接滋到了对面那位客人的脸上。可是这位肇事者因为嘴巴里滚烫，完全没有意识到自己吃包子的汤水喷了人家一脸。对面那位客人脸色严肃，并没有说话。包子铺的服务员觉得不好意思，就拧了一块热毛巾给他擦脸，结果他回答说："不着急擦，他盘子里还有两个包子呢！"

吃了一个，还有俩，说明一份是三个包子。三个包子一般是吃不饱的，这很好地体现了包子的地位：小吃。所谓小吃，指的是那些不是在正餐时吃的食物。小吃也叫作点心，在唐朝时，已经有了点心这种称谓。点心主要分两大类，一类就像包子一样，是面粉做成的；而另一类则是用糯米做成的。从古至今，各种用糯米做成的糕也让无数人流下了口水。

黏糕、年高、年糕

在中国，糕也有着悠久的历史和不同寻常的地位。在拜祭上天时，糕是不可或缺的，由此也被称为"神糕"。由于是糯米做成的，所以在汉朝的时候也叫作"稻饼"。南北朝时的《食次》详细讲述了制作米糕的过程：把糯米蒸熟，然后趁热舂碎，这时候由于糯米有黏性，就会变成黏黏的一块，把它切成小块，晾干后油炸，再蘸上糖，就是当时一道流行的小吃。

在所有的糕里，最著名的应当算是年糕了吧。相传是春秋晚期吴国的大臣伍子胥发明了年糕。那时候越国和吴国争霸，吴国一开始处于优势，吴国的国王夫差不但自己生活奢侈，而且对越国也不以为然。伍子胥劝夫差要节俭，但是夫差听不进去。伍子胥就偷偷地做了年糕藏在城墙里，告诉吴国的百姓，如果将来没东西吃的话可以去那里找。后来夫差听烦了伍子胥的劝谏，让他自尽。结果越国的大军果然杀到了城下，尽管夫差最终没有守住吴国，可是吴国的百姓们却靠着伍子胥留下的年糕活了下来。

中国人喜欢把自己中意的食物和忠臣联系在一起，伍子胥和年糕就好像屈原和粽子一样。顾名思义，年糕是用来庆祝过年的，而过年是中国人最重要的节日。不过，也有人说年糕是糯米做成的，所以最早是"黏糕"，而它刚好是在过年时候用来拜祭祖先的，于是就变成了年糕，象征着年年高升——年年高。

打出来的年糕

如果我们相信这个传说，那么年糕的做法应该是江南一带的最为正宗：先把糯米磨成粉，然后加上一定比例的水，等糯米粉完全吸收了水分之后，用筛子筛一遍，把过了筛之后的糯米粉蒸熟；这时候最重要的步骤出现了，把蒸熟了的年糕胚子放到

打年糕

石臼里，然后举起木槌用力地击打，绍兴一带把这个过程叫作"搡"(shuǎng)年糕。搡这个字左边是春，右边是戈，一看就很形象。通过击打，可以减少年糕中的水分，会使年糕吃起来更加的"韧"，也能使年糕保存得久一点儿。搡完了之后，把年糕切成条，手工年糕就做好了。丰子恺在散文《过年》里，就描写过差不多一百年前他在浙江家乡过年时的打年糕经历，说是打完后要切两块二尺长的年糕，叫作"当家年糕"，这是要供起来的。剩下的年糕则切成一两尺长的样子，才是可以吃的。

年糕原本一直是过年时才有的食物，"年年高"的好意头给春节增加了喜庆的气氛。到了清朝的光绪、宣统年间，年糕才成

滋味乾坤

为一年四季都有的普通点心,咸甜皆可。想要吃咸的,可以炒年糕,最常见的就是用火腿、笋片和雪菜一起炒;如果觉得太干,可以加上蔬菜肉丝在鸡汤里煮,就可以变成汤年糕。想要吃甜的,可以把年糕切成一寸见方的片,上面抹上加了猪油的豆沙,再撒上桂花,然后蒸着吃;也可以用油煎了之后,蘸着白糖吃;在江南也会用年糕冲鸡蛋,那就是甜甜的汤年糕了……

如果说在用糯米做成的糕家族里,年糕算是兄长的话,那么它的兄弟有一大堆:三层玉带糕、脂油糕、雪花糕、百果糕、软香……不一而足。基本的制作方法,都是糯米粉加上白糖、冰糖、芝麻或是果仁等配料后蒸熟。尽管它们被袁枚叫作"点心菜",可要是每样都来一块的话,那肯定能吃得饱饱的了!

炒年糕、红糖年糕

酒酿包子

在广东，点心的地位格外高。广东人喜欢从上午开始一直到半下午都待在饭馆里"饮茶"，说是饮茶，其实吃的是各类点心。在广式点心中，当然也少不了包子，叉烧包、奶黄包、核桃包等都是脍炙人口的美食。其中用咸蛋黄做成的奶黄流沙包，咬上一口，热辣辣的汁水也会喷涌而出，第一次吃的北方人，也容易一不小心弄得很狼狈。

不过，广式的包子皮和灌汤包的皮不一样，一般用低筋面粉，皮厚而松软。那么，能不能把广式包子和灌汤包来个整合，做出甜味儿的灌汤包呢？如果你愿意尝试的话，不妨可以试试酒酿包子。这也是糯米和面粉完美结合而成的小吃哦。

用高筋的面粉做皮，然后用刚刚冷冻成固体的酒酿做馅儿。如果你喜欢，也可以在馅儿里加一点儿桂花。做成包子后，用旺火蒸几分钟就可以吃了。记住，咬的时候一定要轻轻的。

豆腐

豆子的万千变化

豆腐大概是最地道的中国美食了。别的不说，豆腐的英文叫作"tofu"，和中文豆腐的发音几乎一模一样。冲着这名字，就知道国外的豆腐都是从中国出去的。也难怪周作人说豆腐是中国的国粹。

　　顾名思义，豆腐是用大豆做成的。大豆原产于中国，豆腐成为中国的特产也就是顺理成章的事了。李时珍在《本草纲目》中说，做豆腐的方法，是西汉时的淮南王刘安所发明的。也就是说，到现在已经有两千多年的历史了。

　　据说当时淮南（现在的安徽省）的百姓喜欢用泉水把大豆磨成豆浆喝。出生在淮南的刘安也不例外，每天都要喝上一碗。这位淮南王还有一个爱好，就是炼丹。西汉时很多人为了追求长生不老，就幻想着炼出仙丹来升天，刘安也同样热衷于此，"一人得道，鸡犬升天"的成语说的就是刘安。话说有一天，刘安正忙着炼丹，身旁摆满了炼丹所需要的石膏。这时候，他的仆人送来了一碗豆浆，正全神贯注炼丹的刘安手一抖，豆浆洒在了一块石膏上，他也没有在意。等他炼完了丹，才发现身边少了一块石膏，却多了一块白白嫩嫩的东西。大家一尝，发现口感很好。于是刘安就让人端来一大锅豆浆，把石膏放了一些进去，结果锅里的豆浆都变成了豆腐。刘安兴奋地大叫"离奇"，这也是豆腐最早被叫作"黎祁"的原因。

滋味乾坤

豆腐是磨出来的

当然，这只是一个传说。用梁实秋的话说，豆腐究竟是不是刘安发明的不重要，重要的是大家都爱吃。不过这个传说告诉了大家一个观念：既然豆腐从一开始就和"仙丹"有关系，那么它必然是对身体健康大有帮助的。大豆所含的脂肪比牛肉的还多，一直被认为是最佳的廉价滋补品。但大豆不太容易消化，豆腐的出现就解决了这个问题：又有营养，又易消化。同时这个传说也说明了一个事实，那就是做豆腐不是一件很复杂的事。

传统的手工磨豆腐

指尖上的中国

在今天,如果要做豆腐,主要分五个步骤。第一是磨浆:把豆子洗干净浸泡去壳后,加上水磨成生豆浆。第二是榨浆:为了过滤掉杂质,可以把磨好的豆浆装进特质的布袋中,把袋口扎紧,然后用力挤压,把豆浆榨出布袋,一般可以连续榨两次。第三步是煮浆,把榨好后的生豆浆煮沸,边煮边去掉最上面的浮沫。第四步是凝固,也就是把热腾腾的豆浆凝固成豆腐。正是在这一步中,南方和北方出现了很大的不同。南北的豆腐各有特点。南方的豆腐大多把石膏粉加入豆浆中使它凝固,这样豆腐的水分比较多,质地就比较软嫩,一般称为嫩豆腐。北方的豆腐则大多是在豆浆中加入卤水凝固而成的,豆腐的水分相对较少,质地就会硬一点儿,所以也被叫作老豆腐。最后一步是压制,当豆浆凝结成固体后,用勺子把它轻轻舀到铺好布的容器内,等容器

过滤豆腐

装满后把布裹起来,在上面盖上木板压15分钟左右,豆腐就做好了。压制的时间长短不同,豆腐的质地和口感也会有差异。

老豆腐、嫩豆腐

由于质地和口感不同,嫩豆腐和老豆腐的烹调方式也有所差异。老豆腐比较结实,相对适合煎炸焖炖,在锅里时间长一点儿也不会碎掉。周作人在北京的时候就特别喜欢吃煎豆腐。他说把豆腐切片油煎,然后加上青大蒜一起烧,就连平时不爱吃大蒜的他都会连豆腐加蒜吃得精光。这种可以切片的豆腐就一定是老豆腐。据说以前在河北张家口一带,卖豆腐的可以用秤钩把老豆腐钩起来,走上几十里路,豆腐都不会碎了掉下来……这听起来有点儿夸张,大家也不要过于较真。你要真的去实验一下,估计会失败,因为你肯定找不到能做出这样豆腐的师傅了。现在的师傅也能做出还算结实的豆腐,大家耳熟能详的家常豆腐、锅塌豆腐通常都是用这样的老豆腐做出来的。

相反,嫩豆腐可以凉拌、做羹汤,烹调的时间通常比较短。大家常说的歇后语"小葱拌豆腐——一清二白",说的就是凉拌豆腐。由于豆腐是"白"色的,常被用来象征品格的高洁。清朝嘉庆皇帝的老师朱珪平时吃饭只有一荤一素两个菜，有自己的学生来拜访的时候就会再加两个菜，一共是一碗肉、一条鱼、一盘青菜和一份白豆腐。朱珪对他们说："豆腐是清白的食物，一定不可以加上油、盐、酱、醋。它是味道最好的美食，可以多吃一点儿。"他还亲自用勺给他们舀豆腐，放到他们的白饭上面。朱珪这样热情地推荐豆腐，除了由于豆腐的味道好之外，当然也是为了提醒学生们做官之后不忘初心，做个清白的官，不要被官场给污染了。

用嫩豆腐烹制的菜肴里，最著名的肯定非"麻婆豆腐"莫属。相传麻婆豆腐出现于19世纪下半叶。当时在成都，有一个女子嫁给了一个姓陈的小饭店老板，结果她的丈夫早早就过世了。老板娘就只好自己来经营。由于她脸上有麻子，大家就叫她陈麻婆。她的小饭店在万福桥附近，当年有很多做苦力的人会在那里歇脚。他们赚钱不多，可是干的都是力气活儿，胃口大，吃的白饭多，这样就需要便宜而有营养，又好吃、又可以下饭的菜。陈麻婆就想到了豆腐：豆腐不贵，营养又好，再加一点儿肉末和辣椒，那么几个条件就统统满足了。由于陈麻婆做的豆腐价格公道，味道又好，慕名而来的人也就越来越多，大家就把她做的豆腐叫作"麻婆豆腐"。

滋味乾坤

做麻婆豆腐的方法很多。家常的做法可以先在炒锅里把肉末翻炒一下后取出，在锅里重新倒油，加热后把花椒、蒜末和生姜末翻炒直到香味出来，然后加入豆瓣酱炒出红油，这时候倒入切成小块的豆腐翻炒，大约两分钟后，再把之前炒好的肉末放到锅里，稍微翻炒一下后，用生粉勾芡，一盘美味的麻婆豆腐就完成了。

不管是嫩豆腐还是老豆腐，从唐宋以来都是百姓们喜欢的美食。宋初时的《清异录·官志》中把豆腐叫作"小宰羊"，说明大家觉得豆腐的味道和羊肉一样鲜美。不过和代表着珍馐的烤全羊不同，豆腐首先是一种朴素的家常菜。

清朝同治年间，有一个退休的尚书回到了杭州老家。当时管理着浙江的某官对饮食特别挑剔，他的厨师一旦做的饭菜不合他的口味，就会遭到打骂。尚书听说之后说："他是我的学生，让我来教训他。"等到那位官员来拜访尚书时，尚书说："我本来想设宴席和你好好吃一顿，但是怕妨碍你的公务，就让我们两个一起吃一顿家常饭，可以吗？"因为对面坐着的是老师，那位官员不敢说不。可是等啊等啊，从中午等到了晚上，饭菜还是没有端出来，官员的肚子已经饿得不行了。这时候，终于有仆人把饭菜端上来了。他一看，只有米饭和豆腐而已。可是这时候，他已经饿坏了，狼吞虎咽地就吃了三碗饭。等到他觉得吃饱了的时候，各种佳肴陆续被端了上来。可是这时候他已经没有胃口，筷子都不想动了。尚书劝他吃一点儿，他回答说："太饱了，吃不下了。"尚书这时候笑着说："可见食物并不分精粗贵贱，饿的时候就什么都想吃，饱的时候吃啥都没味道。"那位官员明白了老师的意思，从此之后，不再因为食物的味道好坏而刁难自家的厨师了。

豆腐家族的兄弟们

其实，豆腐虽然朴素，却绝不单调。有人说中国人所吃的小菜中一半是豆腐制品，这绝非虚言。豆浆刚刚凝固的时候不压制直接吃，就是豆腐花；凝固的时候压得紧一点儿水分少一点儿，就出现了豆腐干；在凝固之前加一点儿起泡剂，在凝固之后再油炸一下，就是油豆腐；把热豆浆浇在特殊的布上，一层布一层豆浆，然后在上面用重物用力压，这样就有了千张，再把千张切成丝，就有了干丝；在锅里的热豆浆冷却过程中表面会凝结出一层皮，把它取下来晾干就是豆腐皮……通过利用豆浆凝固时温度、水分和压力的变化，可以制成素鸡、素烧鹅、素牛肉等各种不同口感的豆腐制品，再加上不同的烹调方式，就可以有数以百计的菜

滋味乾坤

千张的制作

式。难怪有人说，如果用豆腐制品做成十碗菜，一定比"全猪席"还要好吃得多。

在豆腐的家族中，最另类的可能算是臭豆腐。虽然各地的臭豆腐不尽相同，但是，都是喜欢的人觉得吃起来很美味，而不喜欢的人觉得臭得要命，要躲得远远的。在臭豆腐里面，最著名的也许是王致和臭豆腐。相传清朝康熙年间，安徽进京赶考的王致和没考中，觉得没有脸面回家乡，就在北京城里卖起了豆腐。刚开始豆腐生意不太好，每天做的豆腐都卖不完，他又舍不得扔掉，就把剩下的豆腐切成小块放在缸里，用盐腌了起来，以为这样可以放得久一点儿，自己可以慢慢吃。过了一些日子，他打开缸一看，一股臭气扑鼻而来。一瞬间王致和沮丧到了极点，为自己浪费了这么多的豆腐而惋惜。他还不死心，想尝尝这变成了

全豆盛宴

灰色的豆腐到底还能不能吃,结果发现味道居然很不错。从此之后,王致和专门卖起了臭豆腐,生意反而一下子就红火了,很快就在京城出了名。

全国各地的小吃摊上都会有炸臭豆腐的身影。要是你喜欢吃,又怕在路边吃炸臭豆腐影响自己的形象,那不用担心。关于豆腐,我们完全可以找一个高雅一点儿的吃法。爱喝茶的扬州人

滋味乾坤

喜欢一大早就空着肚子去茶室喝茶，空腹喝茶会伤胃，他们就把豆腐干切成丝，煮了以后，在里面加上虾米，再拌上酱油和麻油。捧起精致的瓷茶杯，喝一口上好的龙井茶，再吃上一口干丝，一天的生活就这样开启，够不够格调啊？豆腐就是能雅俗共赏，要不怎么能叫国粹呢！

指尖工坊

魔芋豆腐

在中国有一种植物叫魔芋，也叫蒟蒻（jǔ ruò），用魔芋做成的豆腐就叫魔芋豆腐，在云南一带特别流行。做魔芋豆腐的步骤和做真的豆腐差不多，首先也是把魔芋磨成浆，然后把它搅拌均匀之后倒入锅中，用火直接加热，就可以使浆凝固成和豆腐差不多口感的"魔芋豆腐"。人们根据自己的口味，可以炒一个"酸辣魔芋豆腐"或是煮一锅"魔芋海带汤"，喜欢吃豆腐的美食家们可以试着做一做，看看在味道上和豆腐有什么不同？

泡菜和酱菜

蔬菜的千变万化

有一首叫作《泡菜》的歌不知道大家有没有听过，歌中唱道："泡菜、泡菜，不是什么大菜……每当大伙桌旁一坐，我就可以往那桌上一摆，我的目的就是要客人把他的胃口打开……人人都喜爱，啊，你说奇怪不奇怪……"

歌听没听过不要紧，重要的是泡菜真的是人人都喜爱。千万不要以为它只是一碟小菜，上不了大席面，在古时候，可是连帝王都离不开它的。相传西周时周公所作的《周礼》中记载，给周朝的大王、王后和王子们准备的御膳里就必须要有"七菹（zū）"。菹就是用盐腌制而成的菜肴，算是今天泡菜的祖宗。他们不光是平时饭桌上一定要有菹，在各种祭祀的场合也都会用菹来招待宾客。

那么，这么重要的泡菜到底是用什么做成的呢？首先当然是蔬菜。《诗经》里说："中田有庐，疆场有瓜；是剥是菹，献之皇祖。"献给伟大祖先的泡菜，是用瓜做成的。究竟是什么瓜呢？有人说西周时人们吃的可能是苦瓜，也可能是葫芦。不管是什么瓜，把瓜削了皮以后用盐腌，在当时是非常珍贵的食物。

战国初期的楚惠王喜欢吃泡菜。有一次他吃泡菜的时候看到了一条虫子，就把它吞了下去，以至于肚子痛得吃不下东西。大臣就问他怎么会生病的。楚惠王说，自己在吃泡菜的时候在菜里

滋味乾坤

发现了一条虫子，心想如果批评厨师们可是又不处罚他们的话，那么国家的法令就失去了威严，如果批评厨师们然后把他们都杀了，那又于心不忍，于是才把虫子吞了下去，这样别人就不知道厨师们的疏忽了。大臣就恭贺他说，大王拥有仁德，一定不会有事的。当天晚上，虫子果然从大王的身体里排了出来，楚惠王的身体也痊愈了。

做泡菜

　　比泡菜稍微晚一点儿出现的是酱菜。道理很简单，泡菜是用盐腌的，酱菜则是用酱腌的。我们的祖先是先发现了盐，然后才以盐为原料制造出了酱。酱菜作为泡菜的弟弟也就顺理成章了。一般认为，在秦汉时期，酱菜开始出现。1971年，在湖南长沙马王堆出土了西汉古墓，里面就有用豆豉腌制的姜，很多人把它称为世界上储藏最久的酱菜。当然，汉朝最常见的酱菜可能还得算酱瓜。东汉的《四民月令》说，从正月开始就制造酱，然后到农历六七月瓜成熟的时候，就可以用来做酱瓜。

从蔬菜到泡菜

贾思勰（xié）在《齐民要术》中详细讲述了泡菜的多种制作方法。如果是叶菜，用"咸菹法"：选取菜叶中比较嫩的，绑成一捆一捆的，然后调制出非常咸的盐水，把叶子放在盐水中彻底浸泡后，马上放入坛子里密封，过一段时间就可以了。正是因为要在盐水里浸泡，所以自然就有了泡菜这个名字。如果是瓜的话，要用"瓜菹法"：把瓜洗干净晒干，然后把盐抹在瓜上（只要把盐换成酱，均匀抹在瓜上的话，那就是酱瓜）。如果想要马上就能吃，就要用"卒菹法"：把蔬菜切碎后放在醋汁里煮，一会儿就能品尝到酸酸的泡菜了！

随着盐、醋和酱越来越便宜，泡菜和酱菜也就变成了普通人家的常见食物。相传写了"先天下之忧而忧"的范仲淹小时候家里很穷，在一所寺庙里借读。为了节省时间和金钱，他在冬天的时候一早起来就烧一锅粥，等粥差

不多凝成固体的时候，用刀把粥切成四块，早晚各吃两块，而用来就粥的就是泡菜。

穷人们爱吃泡菜和酱菜，是因为口味够咸，可以下饭；而生活无忧的人喜欢吃，则讲究的是味道的细腻。清朝的美食家袁枚在《随园食单》中用大量的篇幅讲述了各种泡菜和酱菜，统一称之为"小菜"。在袁枚看来，冬菜、黄芽菜、莴苣、笋、芥菜、大头菜、萝卜、生姜、蚕豆、黄瓜以及海蜇、虾子鱼等都可以腌制成各种美味。可是袁枚反复强调"以淡为贵，咸则味恶"，用盐和酱腌制的小菜一定要口味"淡"，咸而淡，这就是精致的地方。这听起来有一点点矛盾，和一千多年前贾思勰"盐水要咸"的主张多少有点儿不同。

除了咸味之外，精致泡菜和酱菜吃起来也应当尝得出瓜菜本身的甘甜，因此就不能太咸。晋朝人吴隐之是个大孝子，据说在他十多岁的时候，他的父母就去世了。吴隐之很孝顺地为他们守丧，饮食要尽量简单，他就经常吃泡菜。可是，有一次他在泡菜中尝出了甜味，于是他就连泡菜也不吃了。当然，这种能保持瓜菜甜味的泡菜，应该是做得非常精致的。

为了味道细腻，在做酸菜的时候，袁枚会把冬菜心晒干后稍微加盐腌制，然后还会按照一定比例加入糖、醋和芥末，把加工好的酸菜连同卤汁一起放到坛子里后，还要稍微加一点儿秋天第一次抽取的酱油。这样做成的酸菜，袁枚是用来在酒足饭饱的时候，让大家醒酒的。为了让酱瓜皮薄，吃起来又脆，就要先用盐腌，再把腌了的黄瓜晒干，然后抹上酱，接着再晒干，再抹酱，这样反复若干次之后，才可以吃到令袁枚满意的酱瓜。

也许有人觉得这样做泡菜和酱菜过于费时费力，但事实上泡菜味道的好坏的确会差别很大。据说周文王特别爱吃菹，孔子听说后就也学着吃，只可惜他一开始吃不惯，一吃就要皱眉头。就这样坚持吃了三年之后，孔子才开始觉得它的味道不错。这个故事固然告诉了我们孔子努力向圣人学习的恒心，可是也说明文王的厨师做的泡菜大约比孔子自己做的泡菜要好吃得多。

泡菜坛的奥秘

当然，这可能并不是孔子做得不够细心，也许是他没有专门用来做泡菜的泡菜坛的缘故。要做好泡菜，就一定要有合适的泡菜坛。由于泡菜需要在坛子里自然发酵，坛子的设计就很有讲究。泡菜坛在古代也叫作"瓮"（wèng）。现在能看到的最早的泡菜坛，是在四川的三星堆出土的。三星堆遗址大约距今三千至五千年，

滋味乾坤

这说明四川人在很早就开始吃泡菜了。中国传统泡菜坛的特别之处，在于在口子那里有"坛沿"，坛沿是一圈高度为若干厘米的凹形水槽。就是这一圈"坛沿"让泡菜在坛子里可以完美地发酵。做泡菜的师傅会把水加到坛沿里，而坛沿中的水既可以保证泡菜坛有密封的效果，防止外面有害微生物的进入，也可以保持足够的空间，让发酵产生的气体从水中跑出来。

和卤汁一样，泡菜坛里加了盐的汁水是越老越珍贵的。以前很多地方女儿出嫁，当母亲的会准备好一坛老盐水作为嫁妆，这样女儿就不但永远都可以吃到喜爱的泡菜，还可以让女儿生的儿女从小就品尝泡菜，他们就不会像孔子那样，在第一次遇到泡菜时要皱眉头了。

有了专门的泡菜坛和坛中的老盐水，才有了几千年大家都喜欢吃的泡菜。不过因为大江南北物产和口味的不同，各地也都有各具特色的泡菜和酱菜。东北人喜欢酸菜，四川宜宾人爱芽菜，浙江萧山人擅长制作萝卜干，贵州镇远则有陈年道菜……不知道在你小时候，爸爸妈妈给你吃的是哪一种呢？

指尖工坊

【酱瓜拌黄瓜】

江浙人喜欢把两种相近却又不同的食物放在一起烹制，会产生意想不到的口味。比如"蒸双臭"，就是把臭苋菜梗和臭豆腐放在一起蒸；比如说"死鱼蒸活鱼"，就是把咸鱼干和新鲜的鱼一起蒸；再比如新鲜猪手炖咸猪手，也是常见做法。

其实泡菜和酱菜也有它们天生的搭档，比如说酱瓜的兄弟就是新鲜的黄瓜。把它们放在一起，其实味道真的挺不错的。新鲜的黄瓜脆而甜，本来就适合凉拌；而酱瓜则自带味道，口感会稍微软一点儿。把它们放在一起凉拌，嘴里的感觉就会有各种变化。

要做这道凉菜的话，新鲜黄瓜的量可以多一点儿，一根新鲜的黄瓜可以搭配一条酱瓜——酱瓜的体积小，一根酱瓜也就相当于三分之一新鲜黄瓜的大小。把黄瓜和酱瓜都切成片，由于酱瓜是咸的，就不需要再加更多的咸味调味料，可以加一点儿糖或是蜂蜜，甚至是适量的奶油，这样就会有又咸又甜的味道，绝对是一道开胃的凉菜。

滋　　味

【酱油、豆豉和豆瓣酱】

不可或缺的中国调味

乾　　坤

指尖上的中国

很多"70后"回忆小时候的事情,最难忘的是帮妈妈去街上打酱油,这不光是帮妈妈做事,有时顺带着还能买点儿小吃食,实属一趟美差,所以孩子们都争着去。

在中国人的厨房里,酱油是必不可少的。这个传统已经有两千多年的历史了。不过在有酱油之前,先出现的是酱。酱是用来调味的。在古代,盐是稀罕物,很多地方的人买不起足够的盐。为了吃东西的时候有味道,人们就想各种办法制造出各种调味料来,酱就是其中之一。《礼记》说:"脍炙处外,醯(xī)酱处内。"意思就是说烧烤要和酱醋搭配,吃起来味道才好。

最早的酱油是用剁好的肉泥发酵做成的,这样的酱"油"其实是一种肉汁,有很多固体的肉末,和现在的牛肉酱差不多,并不像现在的酱油那样纯粹是液体。事实上,酱是酱油的祖先,先有酱,后有酱油。古人们用肉末、面粉或是豆子为原料,加上盐之后经过发酵,就可以做出各式各样的酱来。孔子说,吃什么东西,就要配上特定的酱,配错了就不能吃,可见当时已有各种各样的酱了。用肉做成的就是肉酱,用面粉做成的是甜面酱,用鱼子做成的叫卵酱,甚至还有用芍药做成的芍药酱……

对当时的人来说,酱最重要的特点就是要"咸"。汉朝时的《风俗通义》说:酱是加了盐做成的,可是比盐要咸。随着肉酱中的汁水越来越多，而肉末越来越少，酱就慢慢地变成了酱油。同样，酱油的第一要素就是"咸"。古人认为，如果做成的酱油可以直接喝的话，那就是太淡了。

古时候的人做酱油有一些神秘的规矩，比如说打雷的时候不能做酱油，这是因为人如果吃了打雷时候做的酱油，肚子里就会发出打雷般的轰鸣声；还有一种说法，是由于打雷的时候容易心急，做出来的东西就放不久。真正的原因，也许是开始打雷之后就会有雨，而好的酱油则是要靠太阳晒的。

酱油和它的美食们

大约到东汉，大豆酿造的酱油开始出现，随后慢慢流行，一般认为南北朝《齐民要术》中所说的"豆酱清"指的就是用豆制造的酱油。到了宋朝，大豆酱油则已经随处可见了。古法酿造酱油，先把三斗的大豆在晚上煮熟，凉一下后把大豆搅拌了再煮，一直到通宵；第二天一早，把煮熟了的大豆和汁水一起取出，放到一口缸里，加入一担面粉拌匀了，再用树叶盖住，放到不通风的地方晾晒一周，就会发酵，颜色也会出现变化。古人把这个过程叫作"上黄"。每一斤"黄"加上一斤盐，再加七斤开水，浸泡

传统的酱缸

半个月后，酱油就酿成了。用这种方法，最好的师傅用一斤黄豆能酿一斤酱油。这样做出来的酱油，在当时应该卖得不便宜吧。

宋朝的《山家清供》详细地讲述了当时人们怎么用酱油来做美食：在春天挖了春笋之后，把春笋放到滚水中焯一下后捞出，然后把笋切成片，和同样切成片的鱼虾一起用酱油、胡椒等调味料腌制后再蒸熟。

到了清朝，酱油已经成为家常的调味品。江南一带酿造酱油的酱园林立，普通人家的小朋友已经可以上街打酱油了。清朝的美食家袁枚在他的《随园食单》中反复讲述了怎么用秋油做菜。所谓秋油，就是再把豆酱晒了整个夏天之后，在立秋时提取的第一批酱油。袁枚用秋油把猪、牛、鸡、鸭、鱼、虾、笋、芥、菌、芹都烹制成了人间美味，而他非常喜欢吃的煮猪头更是离不开酱油。根据记载，猪头要先加了葱和八角用甜酒煮，煮开后加一大杯酱油和一两糖，等快熟的时候，再加酱油和水，汁水要没过整个猪头，再用大火烧一炷香的时间后用文火慢慢炖干。

蒸春笋和煮猪头虽然都离不开酱油，但是应该用的是不同的酱油。在今天，用于蒸或是炒的酱油，大多用的是生抽。生抽酱油颜色比较淡，可是味道鲜美浓郁。为什么叫生抽呢？抽是提取的意思，在大豆发酵的过程中，可以多次抽取由发酵而产生的酱汁。生抽就是在大豆发酵后第一次抽取的酱汁，所以也叫作头抽，也就是袁枚喜欢的秋油。既然有生抽，也就有老抽。顾名思义，老抽的制作工艺比生抽的更加复杂，是在生抽的基础上，再加入焦糖，然后晒两三个月而成的。由于加入了焦糖，老抽的颜色比较深，一般做红烧肉或是卤牛肉这样颜色红润的菜时，就需要用到老抽了。袁枚在煮猪头的时候，应该用的是老抽，而不是秋油。

如今的酱油酿造已经工业化，随着大家的口味越来越多样化，各种不同的酱油也层出不穷。有专门用来蒸鱼的蒸鱼豉油，有味道清淡的日式酱油，有在酿造的过程中加了其他材料的草菇酱油、海带酱油……只可惜这些酱油都装在了瓶子里，再也不需要小朋友去街头的小卖部打了。

画龙点睛的豆豉和豆瓣酱

除了酱油之外，同样用豆做成的调味品还有豆豉。汉朝司马迁写的《史记》里第一次提到了豆豉。老百姓不但把它当作食物，而且也把它当药材用。大家都知道唐朝著名文学家王勃在南昌的滕王阁写下《滕王阁序》的故事，不过可能不知道他写了《滕王阁序》的第二天做了什么，是的，和豆豉有关。

公元675年，南昌的都督阎大人为了庆祝重新修建滕王阁，在那里大摆宴席。刚好王勃路过南昌，被熟人带到了滕王阁。阎大人请在座的文人墨客为新修的滕王阁写一篇文章。结果年轻的王勃一气呵成，写下了流传千古的《滕王阁序》。阎大人特别开心，就喝了很多酒。第二天，他又宴请王勃，又喝了很多酒，就感到胸中烦闷，浑身发冷。很多当地的名医来为他诊治，也没有好的办法。这时候王勃说，在来南昌的路上买了一点儿豆豉，建议阎大人吃一点儿试试看。王勃的话音刚落，名医们就哄堂大笑起来，觉得这是普通百姓吃的小菜而已，怎么可以用来治病呢。王勃说

溢味乾坤

豆豉发酵

不妨试一试嘛，对身体又不会有害。结果阎大人连着吃了三天，果然有效果，整个人又重新元气满满了。

豆豉之所以有这样的功效，是因为它营养丰富，富含蛋白质和多种维生素。做豆豉的方法很简单，把黄豆煮熟之后，盖上麻叶让它发酵，等到黄豆上面长出一层白毛，就可以加上适量的盐和酒，也可以根据自己的口味放一点儿生姜或是花椒等调味料，搅拌均匀之后放到罐子里密封好，过一段时间就变成了豆豉。因为豆豉是密封在罐子里做成的，所以在古代也叫"幽菽(shū)"——幽是和外面隔绝的意思，而菽就是豆的总称。

古人们喜欢在汤羹里放豆豉，这样汤就会鲜美无比。三国时吴国名将陆逊的孙子叫作陆机，是西晋时著名的文人。在西晋攻破吴国后,他被迫从江南到了洛阳生活。当时,因他是手下败将,很多北方人都看不起他。有一次有人请陆机吃羊奶酪,神气地问:"你们江南有什么好吃的能和北方的奶酪比吗?"陆机回答说:"我们那里有一望无际的莼菜羹,只不过没有放盐豆豉罢了。"

今天,在蒸鱼、蒸排骨或是炒蔬菜的时候,大家经常会见到豆豉。它的味道并不会特别浓郁,但是却往往可以起到画龙点睛的作用,带来独特的味道。它还有个兄弟叫作豆瓣酱,相对来说口味就会重一点儿。豆瓣酱和豆豉的制作过程差不多,都需要放在罐子里密封一段时间,而在这段时间里,罐子的上面需要有重物压住。于是就有了"覆酱瓿(bù)"的说法,用来表明一个人写

酱瓿

出来的文章毫无价值，只能用来盖酱瓿。还是那个陆机，在到了洛阳之后，想要写一篇《三都赋》，来描述三国时期三个都城的模样。他听说洛阳有一个叫作左思的文人也要写《三都赋》，就拍掌大笑写信给他的弟弟说，这里有个北方佬想要写《三都赋》，他的文章写好的话，应该只能用来盖酱罐子吧。谁想到，左思真的写出了《三都赋》，人们竞相抄写，竟导致洛阳纸贵，谁还舍得用来盖酱瓿呢？

　　豆瓣酱和豆豉的最大区别，在于豆瓣酱用的是蚕豆，豆豉一般用的是黄豆。豆瓣酱本身并不辣，但是由于四川人喜欢吃辣椒，又爱用豆瓣酱炒菜，豆瓣酱给人的印象，似乎就总是带着一股辛辣的味道。不过，最早的豆瓣酱肯定不是辣的，因为辣椒是明朝才传到中国，清朝才开始慢慢出现在西南地区的餐桌上。当然，如今在做豆瓣酱的时候，有的也会往里面加辣椒，这样在炒鱼香肉丝、宫保鸡丁这些有点儿辣又不太辣的菜肴时，就不需要另外加辣椒了。

水果蘸酱油

酱油用来做菜是人人皆知的，在吃白斩鸡或是白切肉这样的凉菜时，蘸一下酱油也是很常见的吃法。但是吃水果的时候蘸酱油，也许很多人会说：这怎么可能？！

对于广东潮汕地区的人来说，老祖宗之所以发明了酱油，就是让他们在吃菠萝的时候用来蘸的。酱油可以去掉菠萝"麻嘴"的涩味，留在嘴里的就是它的清甜了。

除了菠萝之外，荔枝、杧果、杨桃和牛油果这些水果也可以蘸着酱油吃，又酸又甜又咸的口感会让你胃口大开。当然，这时候一定要选口味清淡的酱油，推荐使用吃寿司的日式酱油。不过，要记住的是，日本的酱油也是在公元755年之后由唐朝的鉴真大师传入日本的。

酒

粮食的美妙发酵

孔融小时候让梨的故事人尽皆知。不过和小时候的他相比，孔融的两个儿子却要顽皮得多。有一次，孔融在白天的时候睡着了，五岁的小儿子就偷爸爸床头的酒来喝。六岁的大儿子问弟弟，你喝酒怎么没有拜一拜啊？弟弟回答说，既然是偷来喝的，那干吗还要拜呢？

哥哥的问题告诉我们，在东汉末年的时候，正常的情况下喝酒是要"拜"的。是的，酒的出现和礼仪是紧密相关的。相传一个叫仪狄的仙女酿了酒，是为了献给治水有功的大禹。也有人说是"酒神"杜康发明了酒，身为夏朝国君的杜康为了更好地管理国家，用酒来献给上天。各种传说都告诉我们，从几千年前开始，在祭祀上天、拜祭祖先、战争动员和接待宾客等各种庆典仪式中，酒都是必不可少的重要饮品。

既然能用来献给祖先，酒自然是美味的。最早的酒是用粮食直接发酵而成，这样的酒和现在的甜酒酿差不多，度数很低，口味清甜，所以才有尧舜能"饮酒千钟"，孔子能喝"百觚（gū）"这样的传说。一钟和一觚到底有多少，现在已经很难确定了，但是一旦成百上千，那总是酒量惊人了。

不过万事有利就有弊，这个道理在酒身上体现得淋漓尽致。由于好喝，很多人就会贪杯，以至于耽误了正事。商朝纣王设酒池肉林，最后丢失江山的故事大家都知道。接下来周朝的贵族们也一样离不开酒。春秋时郑国的大臣良霄是个酒鬼，他专门建了一个地下室，每天晚上就在那里奏乐喝酒到黎明，经常错过朝见郑国国君的时间。因此，有人总结说，酒同时成就人性中的善和恶：它可以使人懂礼，也可能让人颓废。为了约束大家，《礼记》中规定说君子只能饮三杯酒，喝完三杯之后，就应该有礼貌地退下，超过三杯就是"非礼"了。《尚书》中还专门有一篇《酒诰》，告诫人们在祭祀之外聚众喝酒，就要被抓起来。东汉末年的曹操也曾经大张旗鼓地要禁酒，还被嗜酒的孔融讥讽了一番呢！

从 酒曲到美酒

是的，酒似乎是禁不住的，反而是越禁喝的人越多。魏晋时期出现了以阮籍、嵇康、刘伶等为代表的"竹林七贤"，一起在竹林里喝酒就是他们的日常生活。那么，这些名士们喝的酒是怎么酿造而成的呢？不妨看一看南北朝时《齐民要术》中关于酒的记载。贾思勰告诉我们，酿酒要先造酒曲，而各种酒曲有着不同的制作方式，其中效率最高的是小麦做成的酒曲，叫作"神曲"。

以三斛（hú，十斗）麦曲法为例，要用三斛小麦为原料，一斛是蒸熟的，一斛是炒熟的，还有一斛是生的；三斛小麦磨碎之后，混合在一起；要在农历七月，让穿青衣的童子在太阳没出来的时候就用二十斛水来和面，面粉和好后要做成一块块圆圆的曲饼；然后把曲饼放到清洁干燥的曲房里，曲房一定要用草屋做成，在曲房的地上，要画出纵横的一个个格子，每个格子里面放上一块曲饼；接着要在曲房里放一些人偶，有曲王，也有曲人，要把这曲房当作一个小小的王国，一家之主会向曲王跪拜，敬献酒肉，请求曲王能保佑大家做出好的酒曲；然后把曲房的木门用泥封得严严实实的，一点儿风都不能吹进去。

接下来就需要漫长的等待了。等七天后，把门打开，把曲饼翻一个面儿后再把门封住；再等七天，把分散的曲饼堆在一起，

曲饼

同样要把门封住；到第三个七天的时候，把曲饼拿出来装在瓮里，要密封住瓮的口；终于到了第四个七天了，给曲饼穿个孔，系上绳子挂起来，在太阳底下晒干后，曲饼就可以用来酿酒了。

除了酒曲之外，水对于酿酒来说也非常重要。《齐民要术》中说河水是最好的——这与煮茶要用泉水不同。尽量要用冬天快要结冰时的河水，因为这时候的水最为纯净。把酒曲浸泡到水里，等它开始分解之后，再放入精心挑选的米，让它们在一起发酵，发酵好后，酒就酿成了。一般来说，一斗的酒曲要配上六斗的水，六斗浸过米的米浆，再加上一斛米。不过比例是可以调整的。通过控制水的多少、米的种类、发酵的时间长短和温度高低，就可以酿造出几十种不同的酒来。

收割粮食是在秋天，开始酿酒是在冬天，到了春天，酒香就四处飘散了。陶渊明的诗句"春醪生浮蚁"说明，魏晋南北朝时期的酒就是春天酿成的。而"浮蚁"并不真的是指蚂蚁，指的是

酒上面漂浮着的泡沫。

这种用米酿成的酒颜色和现在的黄酒相似，虽然度数不高，但是也可以让人烂醉。所以不管是什么酒，都要适量，不能多喝。

"葡萄美酒夜光杯"，到了唐朝，葡萄酒终于开始流行了。葡萄酒源自西域，唐朝之前就有传说，说西北的荒原之中有"酒泉"，上面有一个美玉做成的酒樽，喝掉一樽，就会自动满上，而喝了酒泉中的酒，就可以长生不老。当然，这只是个传说。

唐朝时，唐太宗派兵征服了西域的高昌，得到了马奶子葡萄的种子，开始在皇家的植物园里种葡萄。唐太宗亲自用西域的方法来酿葡萄酒，酿出来的酒有八种颜色，堪称美味。于是大家就争相效仿。白居易诗句中的"绿蚁"，多半是米酒上泡沫的颜色。

蒸馏酒的诞生

关于酒的名句，白居易还有"烧酒初开琥珀光"。不少人据此认为，在唐朝的时候，中国已经有了用蒸馏的方法酿成的烧酒，也就是今天的白酒。不过更多人认为，一直到宋朝甚至是元朝，中国才出现了蒸馏酒。李时珍在《本草纲目》中说：烧酒不是中国的传统，而是在元朝时出现的。不管怎样，唐朝以后，像李白

传统蒸馏器示意图

那样动辄喝"斗酒"的人越来越少了,像孔子这样百觚的就听都没听说过了。以豪爽著称的苏东坡的酒量就很小,这多少也说明从宋元开始酒的度数越来越高了。

蒸馏酒的度数为什么会高呢?道理其实很简单。酒精的汽化点是78.3℃,而水的汽化点则是100℃。只要把发酵后的酒放入甑桶——特殊的蒸馏器具中,当温度升高到78.3℃的时候,桶中的酒精就变成了气体升到了桶的上部,而桶的下部留下的就是水了。接下来倒掉桶中的水,然后把甑桶上部的气体冷却再变成液体,那么现在桶里的液体就是浓度很高的酒精了。和传统的发酵酒相比,蒸馏酒多的就是在发酵之后蒸馏这个过程。蒸馏过后,酒的颜色比较纯净,所以就叫作白酒。不过,刚刚蒸馏后的酒味道辛辣,还不能马上喝,要在特定的环境中存放,让酒变成陈酿,才会变得绵软醇香。

在明清两朝,白酒和黄酒一起成为饭桌上的常客。白酒也叫作烧酒,"烧"既意味着蒸馏过程中加温的步骤,也象征着入口后嘴里有一股火烧的感觉。相对来说,北方人喜欢喝高粱酿成的高粱烧,黄酒则在江南一带较为流行。但是南方人中也有特别喜欢喝烧酒的。

乾隆年间嘉兴人钱载曾经是礼部侍郎,在退休回江南后就只爱喝烧酒,而且喝的时候还不用小杯子,一定要用大杯子,一大杯烧酒三口就能喝下去。他曾经故意问晚辈:"烧酒好喝还是黄酒好喝?"晚辈回答:"烧酒好。"他就开心地说:"然!"又问:"你知道喝酒应该小口慢慢喝还是大口连着喝?"晚辈回答:"要大口喝。"他就再次开心地说:"然!"也有人说钱载之所以喜欢大口喝烧酒,是因为这样醉得快,而小口喝醉得慢,相比起来,他的喝酒方式反而会节约不少钱呢……

到了清朝末年的时候,白酒、黄酒和果酒三分天下的局面已经形成。有人回忆说,当时北京城里的酒家分三类,一种叫作南酒店,卖的是花雕这样的绍兴黄酒;第二种是京酒店,卖的主要

溢味乾坤

是白酒；最后一种是药酒店，卖的酒都是用烧酒和花果蒸馏而成的，例如玫瑰露、苹果露、山楂露……嗯，越听越像是果汁了。打住，即使这些酒放在家里的酒柜中，未成年人也千万别想要偷喝一口哦！

黄酒冷饮

曹操和刘备一起青梅煮酒论英雄的故事，在中国可谓是家喻户晓。在黄酒里加上梅子，加热后再喝，这个传统在江南一带依然存在。换句话说，黄酒热着喝，味道也很好。

不过，把黄酒当冷饮喝的人也许还真的不多。如果你酒量不大，却想尝一点点黄酒的滋味，那么不妨一试。先把黄酒倒进冰箱的制冰盒里冷冻成冰块，然后把黄酒冰块取出，放一块到杯子里，加上200毫升左右的苏打水，再加适量的乌梅、蜂蜜和几片柠檬，随着黄酒冰块的不断融化，杯中的味道也会随之发生变化。夏天，你可以在家里给爸爸妈妈来一杯哦！

茶

神奇的东方树叶

对于20世纪七八十年代中国的孩子来说，长大有两个里程碑：如果说打酱油意味着到了能单独上街的年龄，那么喝茶就标志着一只脚已经踏入成年的行列了。一百多年前的徐珂在《清稗类钞》中苦口婆心地叮嘱说：十五六岁以下的年轻人最好不要喝茶，喝了容易兴奋，可能会影响小朋友的神经系统，做父母的要看住啊！

一定要让父母看住，说明茶充满了诱惑。的确，茶虽然刚喝的时候有一点儿苦，但是喝久了之后，就会养成"茶瘾"。说起来中国人的茶瘾至少已经有两千多年的历史了。一般认为，中国是茶的发源地之一，最早的茶树出现在中国西南地区的云南、四川一带，相传是神农在尝百草时发现的。现在能看到的关于买茶、喝茶的最早记载，是汉朝时王褒写的《僮约》。在里面，他提出了对仆人的要求，其中就包括要去"武阳买茶"——武阳就是现在四川的彭州一带，买来后要负责"烹茶"，然后还要把茶具洗得干干净净。可见在那时候，人们对于喝茶就已经挺讲究了。

不过当时很多茶直接采自野外，并不需要复杂的加工，因此在很长的一段时间内，茶并不贵。据说在晋朝的时候，有一个叫秦精的人去武昌山中采茶，忽然遇到了一个身长一丈浑身是毛的野人。秦精非常害怕，以为自己肯定要死了，结果野人拉着他的胳膊，把他带到了一大片野生的茶树旁。最后，秦精背着满满的茶叶回到了家。正是因为价格不贵，味道清苦，所以茶叶在晋朝时成了简朴的象征。根据史书记载，晋朝时的名臣桓温生活非常朴素，而证据就是他在设宴的时候，每次只有茶和几盘果子而已。

那时候，湖北、四川一带喝茶的方式和现在的很不同。大家会用米膏把茶叶粘在一起做成一块茶饼，要喝茶之前，会先把茶饼烤成红色，然后再把它捣成碎末，放到瓷杯里用热水冲泡。这时候画龙点睛的一个步骤出现了：他们会在茶汤里加葱和姜！那会是什么神奇的味道呢！

晋朝时不但茶的味道神奇，而且人们还相信卖茶的人具有神奇的能力。据说晋元帝的时候，有一个老婆婆每天清早就去集市卖茶水，由于她的茶味道特别好，大家都排队购买。可是奇怪的是，尽管她一刻不停地卖茶，茶壶里的茶却永远都是满满的。至于卖茶所得的钱呢，老婆婆总是会送给路旁孤苦伶仃的人。有人觉得过于怪异，就让官府把她抓了起来。到了晚上，她带着神奇的茶壶，从窗户飞走了……

茶圣与煎茶

到了唐朝的时候,越来越多的地区开始种茶,从四川蒙顶、浙江湖州到安徽寿州、湖南岳州……各具特色的茶陆续涌现,于是自然而然地出现了中国历史上的"茶圣"陆羽。陆羽的身世也充满了传奇色彩。湖北竟陵的一位和尚有一天在水边遇到了一个弃婴,就把他养大。等他年纪大一点儿的时候,自己用《周易》占卜,得到了一卦,说"鸿渐于陆,羽可用为仪",于是就给自己起名叫陆羽,字鸿渐。陆羽痴迷于茶道,花了二十六年时间写下了《茶经》。《茶经》是中国乃至世界现存最早、最完整、最全面介绍茶的百科全书,里面详细介绍了茶的起源、种类,制茶和饮

茶的方法，器具和习俗等关于茶的方方面面。它的出现，标志着茶道真正成为一门学问。

唐朝人饮茶的主要方式是煎茶，其实就是用水煮茶。煎茶的程序很烦琐，其中最主要的步骤是"三沸"，关键是要控制水温。简单来说，先把茶饼碾成碎末，然后把装上水的茶鍑（fù）——一种专门用来煎茶的大口锅——在火上烧，等里面的水略微沸腾到出现鱼眼大小的气泡时，就是"一沸"了，这时候要加一点儿盐，主要是为了用盐的咸味来中和茶的苦味；等到再一次沸腾，出现了连续珍珠大小的水泡时，就是"二沸"，这时要舀出一勺水来，再用竹夹搅拌茶炉中的热水，接着把碾好的茶叶末倒入沸水中，继续不断地搅拌；等到再次彻底沸腾的"三沸"时，把刚才舀出来的水再倒回去，这是为了降低沸水的温度，当沸水停止沸腾时，一锅茶汤就可以火热出炉了！

茶 的父亲与母亲

这样的煎茶，更像是一门艺术，不能马虎的不仅是水的温度，还有水的质量。陆羽说水是茶之母，用不同的水煮出来的茶，味道也会不一样。用来煮茶的水最好是山泉水，其次是江水，井水则是最差的。不过，并不是所有山中的泉水都是好的：激流湍急的瀑布就不行，要慢慢流淌的才好。喜欢喝茶的杭州人就会经常去虎跑泉打水来煎茶。

当然，很多人不可能出门就打得到山泉水，那么家门口的井水或是河水到底能不能喝呢？有人就想出了测验水质的方法：把水倒进杯子里，然后用酒精溶解一点点肥皂，把溶解了的肥皂滴几滴到水里，要是水质好，那么就会没什么变化，要是有杂质的话，那么就一定会出现白色的泡沫。

滋味乾坤

　　如果说水是茶的母亲，那么茶还有一个父亲——茶壶。茶壶的好坏也会影响到茶的口味。古时候广东潮州有一个富翁特别爱喝茶。有一天，他的家门口来了一个乞丐，靠着门对富翁说，听说你家的茶非常好，能不能赏我喝一杯。富翁笑着说，你不过是一个乞丐，也懂得茶道吗？乞丐说，我以前也是一个有钱人，由于茶的缘故家道中落，现在还有老婆孩子，就靠要饭养活他们。富翁于是就给他倒了一杯茶。乞丐喝完了之后，说："茶固然很棒，可惜不够醇厚，这是因为你的茶壶太新。我有一把茶壶，是以前经常用的，现在也都随身携带，即使是饥寒交迫的时候，我也舍不得卖掉它！"

　　富翁就请他拿出来看看。这把茶壶颜色黝黑，做工非常精妙。一把茶壶的盖子打开，香气就扑鼻而来。富翁马上用来煎茶，味道果然与众不同，于是就想把茶壶买下来。乞丐说："我不能把茶壶整个卖掉。这把壶价值三千金，今天把它的一半卖给您，您给我一千五百金，这样您可以放在家里使用。我啥时候想喝茶，也可以来和您一起喝茶聊天，咱俩一起享用这把茶壶泡出的茶，怎么样？"富翁开心地答应了。后来，他们俩就像老朋友一样，经常在一起喝茶。

　　这个故事告诉我们，茶壶有多么重要。在中国，最著名的茶壶当属江苏宜兴的紫砂壶了。相传紫砂壶是明朝一个叫供春的人发明的。供春是一个书童,他的主人在准备考进士之前,在宜兴的金沙寺读书。供春发现那里的和尚会用当地的细土制造出漂亮的茶壶,于是就偷偷学习,再加以改造,最后做成了紫砂壶。乞丐的茶壶可能就是一把紫砂壶,因为紫砂做的茶壶能够不断地吸收茶汁,用得久了,茶壶本身就有茶香,所以越老的茶壶会越珍贵。

茶 是怎么制成的

紫砂壶在明朝的出现并非偶然。在明朝,茶在多方面出现了变革。明朝人开始直接用开水冲泡茶,而不再是一味地煮茶了。

滋味乾坤

对茶壶的讲究，也正是因为冲泡的流行，用大锅煮茶的传统已经渐渐远去了。去明朝的茶叶店里买茶的话，放眼望去看到的几乎都是散茶，一张一张的茶饼越来越少了，这是由于出现了用双手直接在高温的铁锅里"炒"茶叶的"炒青法"。

　　炒青也叫作杀青，是制作茶叶的重要步骤。以绿茶为例，制茶的过程主要有四个部分。首先是采摘，茶叶采摘的时间很讲究，从春天开始到谷雨前后是最好的，像绿茶的代表"西湖龙井"中最好的一般是清明前就采摘的，所以叫"明前茶"。第二个步骤就是杀青，杀青是用双手在200℃左右的铁锅里翻炒茶叶，时间大约是12分钟，为的是用高温破坏新鲜茶叶中的酶，这样，绿茶

人工炒青

就可以长时间地保持它的色、香、味。

杀青之后是揉捻，杀青后的茶叶失去了很多水分，变得很柔软，这时候通过手指的揉搓，茶叶就可以变成细细的条状，而且在捻的时候，茶汁会从茶叶中出来，自然地黏在茶条上，它的黏性也可以帮助固定茶叶的形状。比较嫩的叶子要揉捻二十多分钟。揉捻结束之后，就是最后的一个步骤——干燥：揉捻后的绿茶水分还是比较多，所以要使它进一步干燥，绿茶一般会先烘，然后再炒，使它彻底干燥后，就可以泡一杯来慢慢喝了。

根据制作工艺的不同，中国陆续发展出绿茶、红茶、乌龙茶、白茶、黄茶和黑茶等不同的茶叶品种。1915年在美国旧金山举办纪念巴拿马运河开通的万国博览会上，把"洞庭碧螺春、信阳毛尖、西湖龙井、君山银针、黄山毛峰、武夷岩茶、祁门红茶、都匀毛尖、安溪铁观音、六安瓜片"列为中国的十大名茶。不同的茶叶对水温和茶具的要求也不一样。比如说红茶需要近100℃的沸水，而绿茶则最好是80℃左右的水冲泡，黄茶一般是直接冲泡，而乌龙茶就需要用"工夫茶"的方法……

一个人喜欢喝什么茶，经常受到来自家乡饮茶习惯的影响，也会体现出其性格。据说苏东坡喜欢喝白茶，在他看来，白色的茶汤是品性高洁的象征。有一次，司马光故意刁难苏东坡，说茶和墨刚

滋味乾坤

好相反，茶你喜欢白的，墨你喜欢黑的，可是你为何同时爱它们呢。苏东坡回答说，这是因为奇茶和妙墨都是香的。"本是馨香比君子"，爱香味的苏东坡，自然是在一碗茶中找到了自己的影子。

花点茶

俗话说"茶性易染"。如果茶和花放在一起，就会有花的芬芳。北京人喜欢加了茉莉的香片，杭州人钟爱点缀着桂花的龙井。其实无论你喜欢什么花，都可以把它加到茶里面。古人把这叫作"花点茶"。

花点茶的制作方法，是在锡瓶里先放好茶叶，接着在茶叶的中间放上花，然后把整个瓶子放到蒸架上隔水蒸。等到蒸架下面的水刚刚沸腾，就把瓶里的茶叶和花取出来晒干，这样的茶叶就会带有花的香味。梅花、兰花、桂花、菊花、玫瑰、蔷薇等各种花都可以。最好选择半含半开的花蕊，茶叶和花的比例保持在三比一，这样才会既有花香，又能保持茶的原汁原味。

陈醋、白醋

古老的酸味来源

在中国人的厨房里能和酱相提并论的，非醋莫属。在古代，醋叫作醯，醯酱一直是连在一起说的，比如说"饭菜精洁，醯酱调美"，可见醯的地位还在酱之上。据说春秋时著名的宋襄公在下葬他的夫人时，用几百罐的醋和酱陪葬，可见当时的人不仅活着的时候喜欢醋，即使到了另一个世界，都离不开醋。

在古时候，醋还有一个名字，叫作苦酒。这是因为传说醋的发明和酒有关。相传杜康是最早酿酒的人之一，他有个儿子叫黑塔。黑塔长大了之后，也会帮着爸爸酿酒。有一次他们酿了一大缸酒，剩下了不少酒糟，黑塔就把酒糟放到了一口缸里，加了一点儿水，准备用来喂家里的牲畜。可是恰好全家要出门走亲戚，黑塔就把缸里的酒糟给忘了。等过了二十一天回到家后，跑了一路的马累得不行，黑塔想起了之前准备喂马的酒糟。结果一打开

缸，扑鼻而来的是一股陌生而浓郁的香气。黑塔好奇地喝了一口，发现又酸又甜。醋就这样诞生了。醋的发明者是酒的发明者的儿子，这也说明了醋和酒的关系。那么，为什么叫作苦酒呢？有人说是因为如果醋做得不好太酸的话就会发苦，也有人说是因为醋其实有点儿甜，怕大家太爱喝喝太多，就故意叫成"苦"酒。

南北朝时期的《齐民要术》介绍了很多种酿造醋的方法，其中有一种叫作"神酢法"：先把大豆蒸熟，然后和面粉混合在一起，加上水，做成一张饼的模样，然后用叶子盖在上面；过几天后，醋曲的孢子就会发芽，然后整张"饼"就会变成黄绿色，古人把这种黄色的曲叫作"黄蒸"；一般在农历七月初七的那一天，也就是在牛郎和织女相会的日子里，人们会用三比一的比例，把蒸熟的麸皮和黄蒸一起放在陶罐中，麸皮和黄蒸一接触就会产生热量，趁热把它们搅拌均匀，然后加水，水量以刚刚没过它们为宜；两天后，把它们取出来，压榨出其中的液体，把液体放到另一个罐子里，再等上两三天，这个过程中由于发生了化学变化，罐子里会散发很多热量，罐子会热起来，需要用冷水淋罐子的外壁，使它冷却，这几天，液体的表面也会出现白沫，要及时捞出来；接下来就什么都不用做了，等上一个月，醋就可以进入厨房啦！

这样做成的醋，颜色看起来和酒很相似。想要一下子就分清楚还真不容易。有个叫任迪简的人性格宽厚，在中了进士之后，成了某位将军的助手。有一次将军摆宴席，负责酒席的人不小心把醋当作酒放到了桌上。作为助手的任迪简先喝了一口，知道搞错了，但是他知道如果声张的话，将军肯定会怪罪那个犯错的士兵。他于是一饮而尽，然后告诉将军说这酒的味道有一点儿淡，建议换一种酒。于是士兵们都对任迪简心怀感激。

也许有人会好奇地问，就算是醋的颜色和酒接近，这气味也肯定不同啊！为啥将军会闻不到自己杯中物的气味？这其实也怪不得将军，因为醋是多种多样的，有的气味并不那么明显。根据《齐民要术》记载，至少有二十种原料都可以酿造醋，玉米、小麦、大豆、稻米、酒、蜂蜜、乌梅等都可以成为醋的原料。如果是用乌梅做成的醋，那么用鼻子还真无法判断出来。

陈醋的诞生：夏伏晒，冬捞冰

在众多的醋里面，最常见的应该是陈醋。既然是"陈"，那么显然它酿造的时间就会比较久。主要由高粱做成的山西老陈醋在全国是最有名的，在那里，陈醋要经历"夏伏晒，冬捞冰"的过程，至少需要一年时间，有的甚至需要七八年时间。

滋味乾坤

所谓的夏伏晒，就是在夏天最热的三伏天，醋要经过太阳的暴晒，为的是把多余的水分蒸发掉，留下来的醋就会更加浓郁。冬捞冰也是同样的目的，但是过程则非常辛苦：冬天的山西天气寒冷，因为醋的冰点比较低，所以陶缸里沉淀在下面的醋一般不会结冰，但是在上面水分较多的部分则会结冰；捞冰的师傅们要一早起来，先用工具把冰凿碎，这叫作破冰；然后要把碎了的冰碴从缸里捞出来，这就是捞冰；接着把捞出来的碎冰放在筛子上，使混在冰里面的醋融化后重新沥到陶缸里。放心，由于冰点不同，纯粹属于水的那部分是不会融化的。在冬天，师傅们每天捞冰一次，陶缸里醋的浓度就会越来越高。捞了一个冬天后，一缸的醋

液最后只能剩下五分之二左右,一百斤的新醋就变成了四十斤的陈醋,味道自然就更酸更香了。

很多名菜都离不开陈醋。从山西的过油肉到江南的西湖醋鱼,从糖醋排骨到醋熘白菜,都是醋让菜肴的味道变得鲜美。说到西湖醋鱼,也有一个感人的传说。相传南宋的时候在杭州有一对姓宋的兄弟,他俩靠打鱼为生。做兄长的已经结了婚,有一个美丽的妻子。宋嫂特别擅长烧糖醋鱼,每次兄弟两人打鱼回来,她就会用醋烹制新鲜的草鱼。可惜好景不长,当地有一个恶霸看上了宋嫂,就用奸计害死了宋兄。为了躲避灾难,宋嫂和兄弟就只好分开躲了起来。临别前,宋嫂给兄弟又做了一条糖醋鱼,告诉他生活就好像这条鱼一样,在酸的同时也会有甜,有朝一日,心酸的日子一定会结束。

过了很多年,兄弟在外立下战功,回到家乡报了当年兄长的冤仇,可是却怎么也找不到嫂子。他听人说城里有家饭店的糖醋鱼特别好吃,就抱着试试看的心情前往。等到鱼端上来的时候,他一尝,果然是多年前熟悉的味道。于是他就问厨师是谁,发现果然是自己的嫂子。从此以后,宋嫂做的糖醋鱼就成为杭州城里的名菜。也正是在南宋,才有了醋和"柴米油盐酱茶"一起,正式被列为"开门七件事"之一。

事实上,古时候人们不但在烹调时用陈醋,而且还会用它来治病。在没有消炎药的时代,大家会用醋来对付感冒,因为它可以杀菌;醋也可以开胃,吃不下饭的时候来一口醋,就可以让人胃口大开;晋朝时著名的道士葛洪还说,三年陈的醋可以用来消除牙疼呢!

谁说醋一定是深色的

到了今天,由于原料和制作手法的不同,全国各地醋的品种繁多,除了山西的陈醋之外,四川的保宁醋、江苏的镇江香醋、浙江的大红浙醋、河南的特醋等也各具特色。不同的醋在颜色、气味、味道上都有差异，适合烹制具有当地特色的美食。不过要说起醋中的另类，那么非白醋莫属——道理很简单，别的醋都是深色的，但白醋却是浅色的。

在历史上，白醋有很多制作原料和方法，有人用甜菜，有人用大米，也有人甚至用土豆。不过现在的白醋主要是用食用酒精做成的。因为它基本无色透明，所以很多人用它来凉拌蔬菜，这样可以不改变蔬菜本来的颜色，加了白醋的黄瓜还是翠绿的，不像加了陈醋的黄瓜，看上去新鲜度会下降不少。

除了颜色之外，白醋的神奇之处在于它可以被用作清洁剂。无论是案板、厕所、玻璃还是家具上的污垢，白醋都可以通通去

滋味乾坤

掉。白醋还有一个功能是可以去水垢,把稍微加热的白醋倒进烧水壶,放一会儿,里面的水垢就掉了,非常管用。不信的话,你可以来验证一下!

醋冰激凌

　　醋冰激凌可能在别的地方不常见，不过到了山西就能吃到。如果你去山西的平遥，走在平遥古城的大街上，几乎每隔几步就有醋坛子，到处都是让游客尝醋的店铺，在那里，你还可以看到用醋做的冰激凌。

　　山西的醋冰激凌和普通的甜筒冰激凌口感差不多，软软的，不过颜色看起来和陈醋一样，味道也是酸酸甜甜的。现在很多醋里面本来就会加不同的水果，用果醋来做冰激凌，口味清新，让人很容易接受。至于能不能在家自己做呢？如果你愿意买一台家用冰激凌机的话，只要在常规的制作过程中加入适量符合自己口味的醋，就可以常吃了！

糖

从舌尖升起幸福感

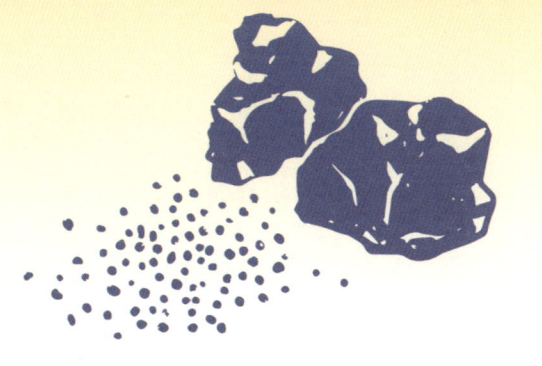

在生活中,糖算不上必需品,但却是一个甜美的礼物,是快乐的源泉,我们还喜欢用"甜"形容美好的事物和心情。

原始人类生活艰辛,他们打猎、收集起来的食物,最甜也只有胡萝卜那个程度,偶尔采集到蜂蜜,那简直是生活中超级幸运的事情。甜味能让大脑多分泌一种让人感受到快乐的化学物质——多巴胺。如果想哄人开心,就给他一块糖吧。

麦芽糖　谷物与麦芽的甜蜜反应

在我国著名的古老诗集《诗经》中,有"周原膴(wǔ)膴,堇(jǐn)荼(tú)如饴(yí)"的句子,写的是在西周远祖的古公亶父时代,周人西迁到了周原(今陕西岐山),这里的土地肥沃,即使野菜也像饴一样的甜蜜。那由此可知,至少在西周以前,人们就已经知道一种叫"饴"的糖了。这是一种以谷物为原料制成的淀粉糖,就是大名鼎鼎的麦芽糖,古代多称为饴糖。

在汉朝《说文解字》里解释道:"饴,米蘗煎也。"简单的几个字,包括了制作饴糖的原料和技巧,米是指含淀粉量高的一类谷物;蘗是麦芽,它能提供将淀粉转化成麦芽糖的淀粉酶;煎是指制作方法,用火熬煮。

我们可以倒退设想这种制糖方法的发源，在原始社会中，当人们耕种水平逐渐提高，收获的谷物有了富余，又还没准备好怎么储藏，很容易被雨淋受潮而发芽，但人们肯定舍不得扔掉，仍然煮熟食用，没想到竟然变得有甜味，时光流逝，人们自然地就会逐步地把经验总结在几个字里。而在美国和欧洲，竟然在20世纪50年代，才开始运用这种转化酶制糖法。

关于详细做法，很多古书中都有记载，最广为人知的是北魏贾思勰的《齐民要术·饧哺》中的记述，直到今天，我们仍然可以按照这个传统方法制作出麦芽糖。

用于发酵的糵（niè）要提前做出来，每年的八月份是合适的时间，把小麦放在盆子里浸泡，倒掉水晒一晒，然后每天都浇一次水，等几天后小麦开始长出细根，平铺到席子上，大概五六厘米的厚度，仍然每天浇一次水保持湿润，直到长出嫩芽，便可以收割晒干。如果想要做琥珀色的饴糖，就选用大麦来发芽。

接下来就是正式制作程序，把米淘洗干净煮成米饭，摊凉到温热后，放在大盆子里与之前做好的麦芽混合搅拌均匀，每五升干麦芽可糖化一石米（比例大概为1∶20），放入底部有漏孔的罐子中，下面的孔用塞子塞住，上面盖上棉被保温，温度足够高才能让米顺利转化糖化。冬天需要一天，夏天则半天就可以让米饭变成稀粥了，再加一些热水，拔掉罐底的塞子，放出糖液。

糖液需要经过熬制，熬糖的大铁锅必须干净光洁，不能有油腥气。锅上立一个凿去底的缸，将缸底沿用泥砌在大铁锅上，以防止熬糖浆时因糖浆沸腾而漫溢出来。温火中不停地搅拌慢熬，糖液越煮越浓……停火，冷却下来就是麦芽糖了。当然，也可以用高粱米、小米、红薯等淀粉高的谷物作物来代替大米，做出来的麦芽糖颜色和口感略有差别。

蔗糖　鸭蛋清和黄泥水跟它有什么关系？

甘蔗出现后，蔗糖比麦芽糖更为普遍常见，古代中国和古代印度都是甘蔗的古老产地。甘蔗含糖量高，制作工艺也相对简单，让甜逐渐成为生活中的基础味道。关于甘蔗做糖，楚国的大诗人屈原在他的文章中就提到过，烹煮鳖鱼和煎炸羊羔时，如果刷一

层薄薄的"柘（zhè）浆"，会更美味。柘就是"蔗"，说明在战国末期的楚国，就已经有种植甘蔗制成液体糖浆了，而且还会用它作调料。到西汉时，制糖技术进步，从糊状变成固体，就被称为"石蜜"，但还比较少见，只是特供皇室和贵族享用。

晋代"竹林七贤"之一嵇康的孙子嵇含，在他的《南方草木状》书中记载："诸蔗一曰甘蔗，交趾所生者围数寸，长丈余，颇似竹。断而食之甚甘。笮（榨）取其汁，曝晒数日成饴，入口消释，彼人谓之石蜜。"说明了长一丈（3米）多的甘蔗可以砍断了直接嚼着吃，也可以榨汁后曝晒凝结成糖，这样的制作方式，也许受到了食盐生产方式的影响，液态的蔗浆在太阳曝晒的光合与蒸发作用下，形成了固态的结晶体，但还是不够理想。

古代社会从文艺大家到皇帝都很关心糖的事情,《新唐书》中记载,唐太宗于贞观二十一年（647）专门派遣了使者去印度求取甘蔗熬糖的方法,出使印度的使者不负所望回来了,他们学回了几条先进经验：其一是甘蔗榨汁熬煮后的糖浆,在结晶前用石灰或草木灰处理下,可以中和一下其中的有机酸,不会变成浓稠的糖蜜,也可以使一些无机盐、泥沙等沉淀下来,使糖色泽更清亮。其二,当时印度人对甘蔗品种的选择很在行,他们告诉大唐的使者,甘蔗成长超过八尺（约2.6米）就不适合熬糖了,最好是六七尺的样子。于是唐太宗又下诏令扬州上贡当地种植的甘蔗进行试生产,结果做出来的成品"沙糖"竟然比当时印度做得还要好,当时称之为"沙糖"或"霜糖"。

注意了,古人用字是很讲究的,这里竟然出现了"沙"与"霜"两个字,意味着这个糖一是沙粒结晶体状,二是颜色类似霜,是白的,这就说明跟我们今天在超市里看到的白糖是一种了。之前用各种原料和方法做出来的糖大多是褐色、黄色,能出现白色,说明唐朝人已经掌握了很成熟的蔗糖提纯和脱色工艺。白砂糖在没有一定化学工业知识的指导下,是不太可能生产出来的。这些方法,让中国的制糖方法超过了印度,还制了特色的冰糖。

当时制造冰糖的情景大致是：在农历正月初天寒之际,把甘蔗榨汁，熬熟至浓稠，把竹篾插在陶翁中，然后倒入糖浆，用竹席盖上。两日后，糖浆表面上析出如细沙的糖晶粒，附着在竹篾上，到正月十五后，便"结成小块或缀竹梢如粟穗，渐次增大如豆"，或者"成座如山"，一直到五月份春夏之交，结晶便不在增长了，这时要及时倒出剩余糖水，晾冰糖至干硬，否则一旦到夏天天气变热，冰糖就又化为水了。竹篾上及釜壁上的结晶冰糖取下后，很怕阴湿，人们又研究出一套保存方法，先在一个土罐子的底部铺上一层大（或小）麦糠皮，上面放一个竹篓，篓的底上又先垫上一层笋皮，然后放进冰糖，最后用竹席盖好瓮，就可以高枕无忧了。这种方法制作出来的冰糖以紫色的为最好，深琥珀色的差一点儿，黄色的又差一点儿。到了明朝，蔗糖脱色技术日渐成熟，于是就以白砂糖制作冰糖，就是我们现在常见的白冰糖了。

关于这个脱色技术，说起来很不可思议，一个用鸭蛋清，一个用黄泥水。鸭蛋清打散以后加到甘蔗原汁中，然后加热，那些有色物质和渣子便会与蛋清凝聚在一起漂浮上来，及时撇去这些杂质，糖就变得越来越清澈，用这个方法脱色以后，糖一般还会带点儿黄色。

传说元朝时泉州府南安县有一个糖匠，在制糖时，身边的墙

突然塌掉了，黄土块落到缸中的糖浆上，等他清理土块时，发现缸中上层结晶出的糖变得非常洁白。他意识到土块或许能脱色，于是，他尝试着每次做糖时都放点儿土块，后来又想用黄泥水试试，没想到效果更好。于是他改进了盖泥法，用盖泥法做糖，不仅糖的质量好，而且还能做得快。

现代人能轻松获得廉价的糖，已经到了担心吃糖太多影响健康的地步。但在几个世纪之前，甜还是一种比较珍贵的味道。麦芽糖要消耗珍贵的粮食，做砂糖的甘蔗不仅仅要占用粮食作物的土地，还需要投入大量的人力劳作，总之，甜的美好是因为它是奢侈的。

滋味乾坤

指尖工坊

【舔到鼻尖儿的糖】

宋朝诗人黄庭坚在戎州（今四川宜宾）时，第一次品尝到遂宁糖霜，被甜到了，他特地给远方的好友寄去一包，并写了首诗告诉朋友这糖有多鲜美：

远寄蔗霜知有味，

胜于崔子水晶盐。

正宗扫地从谁说，

我舌犹能及鼻尖。

在诗里，黄庭坚采用了极具夸张的修饰手法，用舌尖舔舐鼻尖的描写，突出了糖霜的美味，是不是也很像小时候贪吃的你？

关于古法制糖的书

在古代漫长的制糖实践中,很多制糖方法逐步被总结出来。北宋王灼于1130年间撰写出中国第一部制糖专著——《糖霜谱》。全书共有七篇,内容丰富,分别记述了中国制糖发展史、甘蔗的种植方法、制糖的设备(包括压榨及煮炼设备)、工艺过程、糖霜性味、用途、糖业经济等。1637年初刊的明朝宋应星所著《天工开物》卷六《甘嗜》中,记述了种蔗、制糖的各种方法,比《糖霜谱》一书更系统、更详尽。这些方法,在中国民间一直沿用到20世纪。

【奶酪和酸奶子】

历史悠久的甜品

很多人都知道曹操手下有个著名的谋士叫杨修，他比别人都要聪明。《世说新语》里面有一个关于他的故事：有一次大家正在开会，有人给曹操送来了"酪"，曹操尝了一点儿之后，写了一个"合"字。大家看了之后大眼瞪小眼，都不知道曹操的葫芦里装的什么药。杨修看了后，马上就美美地吃了一口，对大家说："丞相这是要我们'人一口'嘛，你们有啥犹疑的！"

曹操和杨修吃的酪，就是中国古代的奶酪。当然，你千万不要认为那时候的奶酪和今天所谓的芝士（cheese）是完全一样的。没错，尽管我们把西方的芝士也翻译成奶酪，但是彼奶酪非此奶酪。虽然它们都是用奶制成的，可是芝士是固体的；而中国传统的奶酪则是液体的。汉朝时有一位叫刘细君的公主嫁到了乌孙，乌孙地处西域，公主在那里生活很不习惯，就悲伤地写了一首诗歌，里面说到"以肉为食兮酪为浆"。可见，酪是用来喝的。

东汉时的字典《释名》还告诉我们，酪这种用奶做成的液体饮料，喝了可以变得身体健康皮肤好。西晋时的名臣荀勖（xù）有一次生病很久，身体都没有好转，皇上就下圣旨说赐给他奶酪养身体，每天由御厨专门送给他。可见，奶酪营养丰富，对身体健康非常有帮助。

在古代，奶酪在很长时间里是只有北方人才喜欢的特产。西北的祁连山一带，冬天寒冷，夏天凉爽，特别适合放牧，那里的牛羊就特别肥，生产出来的奶酪质量特别好。可是，由于奶酪有着特别的气味，南方人不一定吃得惯。在魏晋南北朝时期，由于战乱的关系，很多江南人到了中原，就吃不惯奶酪。东晋时，来自江南的太尉陆玩去拜见丞相王导，王导给他吃了奶酪，陆玩回家后就生了病。第二天，陆玩给王导写信说："昨天吃了奶酪，一晚上都没睡好。我虽然是个江南人，却差一点儿做了个北方的鬼。"

无独有偶，三国初期的《笑林》里也说：吴国人到了洛阳，当地接待他的人精心准备了奶酪，他不知道这是什么，为了面子就勉强吃了下去，结果回家之后就呕吐，差一点儿就死了。他对儿子说："不知道北方人给我吃的是啥毒药，我和他们同归于尽也值得了，你以后看到这种吃的可要小心一点儿。"其实北方人真的把奶酪当作珍贵的食物，才用来招待客人的——北方出身的皇上们几乎每天都离不开奶酪。

说起来唐高宗倒是真的差一点儿喝到了有"毒"的奶酪。唐朝的皇帝们也是北方人，自然都喜欢奶酪。有一次，御厨给唐高宗做了奶酪，可是用来做奶酪的奶，是从生了病的马身上挤出来的，所以高宗一尝就知道味道不对。不过，他并没有怪罪厨师，而是宽容地提醒厨师以后要注意。

奶酪是怎么做成的

唐高宗的宽厚并不是没有道理的，因为做奶酪的确是一个费时费力的活儿。青海柴达木地区的人是这样做奶酪的：先在木桶里装满牛奶或是羊奶，然后盖上盖子，盖子上会有一个孔，刚好可以伸进去一个木槌，接着就用木槌不停地捶打，要一天一夜之后，奶才会凝结成浓浓的浆，这时候，奶酪就制成了。奶酪颜色的深浅决定了奶酪的等级：白色是最高级的，黄的排第二，红色的则是下品了。一开始做好的几天内，奶酪的气味非常腥膻，要过一段时间，这样的气味才会慢慢消除。他们也会往奶酪里加一

滋味乾坤

点儿大麦粉，晒干了之后就成了"乳饼"，就可以在放牛打猎的时候当干粮吃了。这种粗犷的"能量棒"，和现在西方的芝士也许更为相似。

藏族人做奶酪的方式也差不多，不过他们对奶的选择比较挑剔，只用牦牛的牛奶，连水牛的奶都不用。在经过类似的装桶捶打之后，藏族人会把桶内上层的奶酪取出来，这一部分是精华，会比较浓稠。把精华捞出来之后，下面的也绝不是可以丢掉的"糟粕"。如果对农民伯伯来说大米"粒粒皆辛苦"，那么在游牧民族看来，每一滴奶也都是珍贵的。他们会把下面那部分放到锅里面用火慢慢熬，然后再储藏到罐子里，几天后味道就变酸了，这就是"奶汤"；用布包好奶汤，水就会慢慢滴干，几天后布包里会留下一团固体，就是"奶饼"；奶饼放得时间长了，就会碎成一块一块的，就叫作"奶渣"。奶汤、奶饼和奶渣也是有营养、味道好的哦！

蒙古人做奶酪的方法稍微有一点儿不一样。他们会一早就去挤新鲜的牛奶，然后把牛奶放到锅里面煮，煮着煮着就会浮现出一层膜。把第一层膜取出后晒干，就成了蒙古人说的"牛奶豆腐"，吃起来比芝士软。煮着煮着，又会出现第二层膜，这一层就是黄油。等到第三层膜成形的时候，精华才终于出现了。第三层膜有

半厘米厚,直径大约有一尺,蒙古人把它叫作牛奶皮子。牛奶皮子就是半固体的奶酪,蒙古人一般都舍不得自己吃,会把它高价出售。美食家们会在牛奶皮子上面加一点儿白糖,然后在炭火上烤,这样吃起来味道最好。和现在很流行的韩国街头小吃"烤芝士"相比,这种吃法应该毫不逊色。

作为流行冷饮的奶酪

原本属于北方的奶酪在明末的时候已经征服了南方人的胃。来自浙江的著名文人张岱口味刁钻,觉得买来的奶酪不好吃,为了吃到地道的奶酪，决意亲力亲为，先从自己养牛做起。每年冬天，一到晚上，他就把挤奶的盆放到牛栏里，天一亮就挤好奶，然后用铜制的锅把奶煮开，再加入雪汁，反复煮沸，直到最上面出现一层膜——这是继承了蒙古人的方法。但是张岱显然更为精致：他会加入花露和奶酪一起蒸着吃；会把大豆碾成粉加入奶酪中，形成豆腐一样的口感，然后冰冻后再吃；会用油煎凝固了的奶酪；会把奶酪做成皮，做成饼，加上盐，加上醋。用张岱的话来说，有的独家奶酪秘制方法，父亲都不一定舍得传给儿子呢！

到了清朝，奶酪终于慢慢成为百姓吃得起的美食。清朝嘉庆年间有诗人写道："奶茶有铺独京华，乳酪如冰浸齿牙。"这两句诗说明北京城里已经有了卖奶酪的铺子，而且奶酪还是作为冷饮来喝的，可见在清朝，奶酪也主要指的是比较浓稠的"浆"。据说那时候不少宫中的厨子流落到了民间，就开始在北京开奶酪铺。北京城里卖奶酪最著名的铺子叫"奶酪魏"，它的老板魏鸿臣就是从宫廷御厨那里学到的手艺。在他那里，除了可以喝的奶酪之外，还有炒奶酪条和可以手拿着吃的奶酪卷，简直就是一家完美的甜品店。

民国时期的梁实秋在回忆起北京的奶酪时几乎流下了口水。他说一到夏天，卖奶酪的小贩会挑着木桶出现在大街小巷，木桶里面有好多层,每层都是一碗碗的奶酪,而在桶的中间则有一块冰,桶上面盖一块布,为的是保持冰凉的口感。

来一碗酸奶子吧

也许有人会问,这样的奶酪不是和酸奶子差不多吗?没错,的确是差不多,不过差不多也说明还有一点儿小不同。在西藏、新疆、内蒙古一带,大家都喜欢喝酸奶子。前面说到的藏族人的"奶汤",其实就是酸奶子的模样。它的味道是酸的,是用做奶酪剩下的原料做成的,而且需要在罐子里放好几天——这是一个发酵的过程。因此和奶酪相比,酸奶子在奶的浓度上要略微低一点儿,还有一个较长的发酵过程,在发酵时,有时候还会加入酸奶曲,也就是我们现在所说的乳酸菌。

在内蒙古,酸奶曲叫作"核仁格"。相传它是成吉思汗从天宫偷来的。据说成吉思汗有一次去天宫赴宴,喝到了一种饮料,觉得味道特别好。他想带一点儿走,又觉得不好意思,就装作不小心,用自己长长的胡子蘸了一下,把它带到了人间。从此,蒙古人就有了做酸奶子的曲种,也有了美味的酸奶子。当然,这只是传说而已。

滋味乾坤

在西藏，还有专门"喝酸奶子的节日"，也就是"雪顿节"。雪顿节是藏族的重要节日，据说藏传佛教规定，每年藏历六月的时候，为了保护自然界的小虫子而做到不杀生，寺庙里的喇嘛都不能出门。当喇嘛们可以重新下山的那一天，牧民们就会请他们喝酸奶子，以表示心中的敬意。

夏天的时候如果去新疆，凉凉的酸奶子绝对是不错的选择。不过，新疆的酸奶子真的是酸的，本地人喝起来不加糖。要是你怕酸的话，就不妨加一点儿葡萄干吧，反正新疆有的是！

西红柿炒酸奶三明治

作为甜品，炒酸奶流行很久了。大家都知道炒酸奶其实并不是"炒"出来的，它是结成了固体的酸奶片。只要在酸奶里加上自己喜欢的坚果和新鲜水果，再放到专门的炒冰机里，经过快速制冷凝固，就可以吃到脆脆的炒酸奶了。

可是，为什么不把炒酸奶变得更加多样呢？来一个西红柿炒酸奶三明治怎么样？在家里买一台炒冰机可能过于奢侈，不用怕，有冰箱就可以。先把核桃仁和葡萄干用搅拌机搅碎，均匀拌到酸奶里，然后把酸奶倒入平时在烤箱里使用的烤盘里，把烤盘放入冰箱的冷冻室。几小时之后，酸奶片就成形了！

接着，把西红柿切成片，再根据西红柿的大小，尽量把酸奶片切得大小均匀，然后每两块酸奶片里面夹一片西红柿，就成了西红柿炒酸奶三明治，咬上去又脆又软，酸奶的甜味加上西红柿的独特酸味，无论作为凉菜还是甜品，都可以让人觉得无比的幸福。